用于国家职业技能鉴定
国家职业资格培训教程

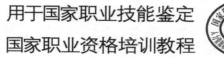

茶艺师（高级）

第2版

编审委员会

主　任　刘　康

副主任　荣庆华

委　员　余　悦　姚国坤　刘启贵　陈　蕾　张　伟

编审人员

主　编　余　悦

编　者　曾添媛　龚夏薇　程　琳　赖蓓蓓　邓　婷

　　　　龚建华　连振娟　柏　凡　叶　静　龚凤婷

　　　　张莉颖　谭　波

审　稿　姚国坤　刘启贵

中国劳动社会保障出版社

图书在版编目（CIP）数据

茶艺师：高级／中国就业培训技术指导中心组织编写. －－2版. －－北京：中国劳动社会保障出版社，2018

国家职业资格培训教程

ISBN 978-7-5167-3345-5

Ⅰ．①茶…　Ⅱ．①中…　Ⅲ．①茶文化－职业培训－教材 Ⅳ．① TS971.21

中国版本图书馆 CIP 数据核字（2018）第 031364 号

中国劳动社会保障出版社出版发行

（北京市惠新东街 1 号　邮政编码：100029）

*

三河市华骏印务包装有限公司印刷装订　　新华书店经销

787 毫米×1092 毫米　16 开本　8.5 印张　141 千字

2018 年 2 月第 2 版　　2023 年 12 月第 7 次印刷

定价：32.00 元

营销中心电话：400-606-6496

出版社网址：http://www.class.com.cn

前　言

　　为推动茶艺师职业培训和职业技能鉴定工作的开展，在茶艺师从业人员中推行国家职业资格证书制度，中国就业培训技术指导中心在完成《国家职业技能标准·茶艺师》（以下简称《标准》）制定工作的基础上，组织参加《标准》编写和审定的专家及其他有关专家，编写了茶艺师国家职业资格培训系列教程（第2版）。

　　茶艺师国家职业资格培训系列教程（第2版）紧贴《标准》要求，内容上体现"以职业活动为导向、以职业能力为核心"的指导思想，突出职业资格培训特色；结构上针对茶艺师职业活动领域，按照职业功能模块分级别编写。

　　茶艺师国家职业资格培训系列教程（第2版）共包括《茶艺师（基础知识）》《茶艺师（初级）》《茶艺师（中级）》《茶艺师（高级）》《茶艺师（技师 高级技师）》5本。《茶艺师（基础知识）》内容涵盖《标准》的"基本要求"，是各级别茶艺师均需掌握的基础知识；其他各级别教程的章对应于《标准》的"职业功能"，节对应于《标准》的"工作内容"，节中阐述的内容对应于《标准》的"技能要求"和"相关知识"。

　　本书是茶艺师国家职业资格培训系列教程（第2版）中的一本，适用于对高级茶艺师的职业资格培训，是国家职业技能鉴定推荐辅导用书，也是高级茶艺师职业技能鉴定国家题库命题的直接依据。

　　本书2004年5月由中国劳动社会保障出版社出版，现已发行10多年。根据茶文化发展与茶艺师技能要求的变化，近期我们组织

茶艺师（高级）（第2版）

2

专家与从业人员对国家职业资格培训教程做出相应的修改。

　　本书在编写过程中得到江西省人力资源和社会保障厅职业能力建设处、江西省职业技能鉴定指导中心等单位的大力支持与协助，在此一并表示衷心的感谢。

中国就业培训技术指导中心

目 录

第 **1** 章 礼仪与接待

第 1 节 礼仪

一、世界各国饮茶习俗

1. 欧洲各国饮茶习俗

（1）荷兰饮茶习俗

英国是茶叶消费国，但最初将茶叶传到欧洲的，是荷兰人。

17 世纪初期，荷兰商人凭借航海的优势，从澳门装运中国的绿茶到爪哇，再转运到欧洲。刚开始，由于茶价非常昂贵，一般人喝不起。茶只是宫廷贵族和豪门世家用于养生和社交的奢侈品。那时的人们以喝茶来炫耀风雅，争奇斗富。一些富裕的家庭主妇，都以家中备有别致的茶室、珍贵的茶叶和精美的茶具而自豪。在富有的家庭，如有宾客到来，主人会迎至茶室，用至重的礼节接待。宾客落座后，女主人会打开漂亮精致的茶叶盒，取出各种茶叶，拿到每一位宾客面前，任凭他们挑选自己喜爱的茶叶，放进瓷制的小茶壶中冲泡，每人一壶。早期的荷兰人饮茶时不用杯子，而用碟子，当茶沏好以后，宾客自己将茶汤倒入碟子里，喝茶时必须发出"啧啧"的声音，喝茶的声音越大，主人越高兴，因为这"啧啧"的声音表示对女主人和茶叶的赞美。

随着人们对喝茶情趣的日益追求，饮茶之风几乎到了狂热的程度。一些贵妇人迷恋喝茶，终日陶醉在饮茶的社交活动中，甚至弃家不顾，引起世人侧目。

17世纪下半期，茶叶输入量骤增，茶价逐渐平抑，加上文人、雅士们对茶的歌颂、赞美，于是饮茶之风普及整个社会，人们还呼吁政府，将茶叶的输入纳入正常的贸易渠道。

饮茶大众化后，不但以茶为生的商业性茶室、茶座应运而生。同时，家庭中也兴起饮早茶、午茶、晚茶的风气，而且十分讲究以茶待客的礼仪，从迎客、敬茶、寒暄至辞别，都有一套严谨的礼节，既寓有东方人的谦恭美德，又含有西方人的浪漫风情，融合了东西方的精神文明。

目前，荷兰人的饮茶热虽已不如往昔，但饮茶之风依然存在。荷兰人喜爱饮佐以糖、牛奶或柠檬的红茶；而旅居荷兰的阿拉伯人则爱饮甘冽、味浓的薄荷绿茶；在几千家中国餐馆中，则以幽香的茉莉花茶最受欢迎。

（2）英国饮茶习俗

1662年，葡萄牙公主凯瑟琳嫁给英国国王查理二世，她在出嫁时把已传到葡萄牙的中国红茶带到了英国。她不仅爱喝茶，还把茶视为天赐的健美饮料。由于她的宣传和提倡，饮茶的风气在英国宫廷里盛行起来，又扩展到王公、贵族及富豪、世家，饮茶成为他们养生的妙品和风雅的社交礼节。随后，人们群起仿效，饮茶的风气又普及民间，并部分取代了酒，茶成为风靡英国的国饮，所以凯瑟琳被称为"饮茶皇后"。英国诗人沃尔特，在凯瑟琳皇后结婚一周年时，特地写了一首茶诗献给她，诗是这样写的："花神宠秋色，嫦娥矜月桂，月桂与秋色，美难与茶比。"这大概是第一首外国茶诗。

茶在英国的影响深入社会每个阶层。上层社会有早餐茶、下午茶；火车、轮船，甚至飞机场都有茶供应；一些饭店也以下午茶招待宾客，甚至剧场、影院在中场休息时，宾客们也借饮茶来交友；普通家庭也把为客泡茶当作接待朋友的礼貌。饮茶之风的兴盛，强而有力地推动了茶叶贸易与消费的发展。

为保障上层社会对茶叶的需求，英国政府于1669年规定茶叶贸易由东印度公司专营，并首次从爪哇间接输入中国茶叶。1689年，中国茶从厦门直接输入英国。1700年，伦敦已有500多家咖啡馆兼营茶。同时，众多杂货店开始供应茶叶，改变了茶叶只在药店或咖啡店出售的情况。到鸦片战争前，广州出口的茶叶，约2/3销往英国。直到现在，英国茶叶的进口量长期居世界前列。有80%的英国人每天饮茶，年人均饮茶约2 kg，茶可称是英国的国饮。

英国人饮茶分热饮和冷饮两种。热饮有加牛奶的，也有不加牛奶的。如果热饮加奶，通常先倒奶入杯，再冲进热茶，这样可以省去搅拌。另有一说，英国人早期喝茶以用上好的景德镇瓷器最能表现出气派，但瓷杯胎薄，猛地倒入热茶，可能会因热胀冷缩而破裂，所以先倒入牛奶。英国人冲泡热茶，烧水是很讲究的。他们必须用生水现烧，不用冷开水，因为烧久的水，怕会影响茶味。在泡茶的茶具方面，英国人喜用上釉的陶器或瓷器，不喜欢用银壶或不锈钢壶。

茶的冷饮讲究饮冰茶。冰茶的做法很简单，首先冲泡好茶水，茶水宜浓不宜淡，再把冰块放进红浓的茶汁中，再加入牛奶及糖即可。这种茶香甜可口，大都在夏季饮用。相传，冰茶是 1904 年在圣路易斯召开的世界博览会上，一位来自印度的茶叶宣传人推广普及英国的。

（3）法国饮茶习俗

法国人开始接触茶时，是把茶当成"万灵丹"和"长生妙药"看待的。17 世纪中期，法国神父 Alexander de Khodes 所著的《传教士旅行记》，叙述了"中国人之健康与长寿应该归功于茶，此乃东方所常用的饮品"。接着，有的教育家和医学家也极力推荐茶叶，赞美茶是能与圣酒、仙药相媲美的仙草，因而激发了人们对"可爱的中国茶"的向往和追求。

法国人饮茶最早盛行于皇室贵族及有权阶级，以后茶迷群起，渐渐普及于民间，时髦的茶室也应运而生。饮茶成为人们日常生活和社交活动中不可或缺的事情。

法国最早进口的茶叶是中国的绿茶，以后乌龙茶、红茶、花茶及沱茶等相继输入。19 世纪以后，斯里兰卡、印度、印度尼西亚、越南等国的茶叶也相继进入法国市场。

在法国，早期零售茶叶由药房或杂货铺、食品店兼营，后来才在巴黎设立了一些专营茶叶或以茶为主的商号。

法国人饮用的茶叶及采用的品饮方式，因人而异。但是以饮用红茶的人最多，饮法与英国人类似。取茶一小撮或一小包，冲入沸水后，配以糖或牛奶。有些地方，还在茶中拌以新鲜鸡蛋，加糖冲饮；也有人在饮用时加入柠檬汁或橘子汁；也有人在茶中掺入杜松子酒或威士忌酒，成为鸡尾酒。近来，法国还风行瓶装的饮料茶。

在法国饮用绿茶的人数也不少。品质好的中国绿茶，是旅法的非洲人和阿拉伯人的最爱，他们除自己喝外，还作为回国探亲访友的高尚礼品。茶的煮饮方法，一般都加入方糖和新鲜薄荷汁，喝起来香味浓郁，甜蜜舒爽，耐人寻味。

法国花茶的消费者以旅法的中国人以及众多中国餐馆为主。沏茶方法与中国北方相同，以沸水冲泡清饮。对那些去中国餐馆品尝中国菜肴的人来说，餐前、餐后喝杯带花香的茶，可去除油腻，齿颊留香，神清气爽。

沱茶因有特殊的药理功能，而受到法国一些注重养生人士的青睐，每年也有较大量的进口。

（4）俄罗斯饮茶习俗

在俄罗斯和波兰，泡红茶时都习惯用俄式茶炊"沙玛瓦特"煮沸热水，这是一种用黄铜做的热水煮沸器。这种独特的茶炊，具有典型的俄罗斯风格。最初的"沙玛瓦特"诞生在欧亚交界处的乌拉尔。

俄国茶炊的内部下方安装有小炭炉，炉上是一个中空的筒状容器，加水后可加盖密闭。炭火在加热水的同时，热空气顺着容器中央自然形成的烟道上升，可同时烤热安置在筒顶端中央的小茶壶。小茶壶中已事先放入茶叶，这样一来，小茶壶中的红茶汁就会精髓尽出。茶炊的外部下方安有小水龙头，沸水取用极为方便。将小壶中红茶倒入杯中，再用小水龙头注热水于杯中，可调节茶汤的浓淡。

"沙玛瓦特"的主要功能在于能将水缓缓加热，使水温控制得恰到好处。目前市售的俄式茶炊大都电气化了，除外观相似以外，内部构造和传统的"沙玛瓦特"很不一样，因为以前都是用木炭来烹煮红茶的。

俄罗斯幅员辽阔，民族众多，饮茶的习惯有所不同，现介绍具有代表性的饮茶方式如下。

1）蒙古式饮法。这种饮法流行于西南伏尔加河、顿河流域，东到与蒙古接壤地区，其饮茶方法与中国藏族同胞颇为类似。先将紧压绿茶碾碎，在每升冷水中加一至三大匙茶叶，加热至水滚，再加入 1/4 L 牛奶、羊奶或骆驼奶，动物油一汤匙，油炒面粉 50 ～ 100 g，最后加入半杯谷物（大米或优质小麦），根据口味加适量盐，共煮约 15 min，即可取用。

2）卡尔梅族饮法。这种饮法不用茶砖而用散茶。先把水煮开，然后投入茶叶，每升水用茶约 50 g，然后分两次倒入大量动物奶共同烧煮，搅拌均匀，煮好滤去茶渣，即可饮用。

客来敬茶是俄罗斯民族的传统礼仪，喝茶聚会是人们的美好享受。茶不仅是人们生活中不可缺少的饮料，也是军队的必需品。现在俄国茶室遍布城市、乡镇及村庄，随处都有茶点出售，茶室已大部分取代了过去饭店的地位，成为大众喝茶的场所。

（5）波兰饮茶习俗

波兰的糕饼铺和茶馆有着悠久的历史传统，是日常生活中朋友们聚会最喜欢去的地方。波兰的艺术家们习惯在此培养灵感，高谈阔论，很多作品都是在此沉思或撞击出来的。

以前，波兰泡红茶时都习惯使用俄式茶炊"沙玛瓦特"，但历经战乱，传统茶炊所剩无几。即使如此，波兰的泡茶方法也并没改变，只是热水改用大茶壶来煮沸。在大茶壶顶上，不加盖子而改放一个陶制小茶壶，等小茶壶被水蒸气熏热后，用汤匙舀几匙茶叶放进去，稍等一下，然后再注入热水。小茶壶中红茶精髓被泡出，又香又浓，然后倒入茶杯中，再以热水斟满，就是一杯非常美味、浓淡适宜的红茶了，再配上糕点品饮，是波兰人至高的享受。

2. 非洲各国饮茶习俗

（1）毛里塔尼亚饮茶习俗

毛里塔尼亚是一个以畜牧业为主的国家，全国领土有2/3是沙漠，素有"沙漠之国"的称号。这里常年晴空万里，烈日炎炎，干热的环境使得人们出汗多、体能消耗大。饮茶能解除干渴、消暑祛热、补充水分和养分，加上当地人民日常饮食以牛、羊肉为主，缺乏蔬菜，于是，可去腻消食、补充维生素的茶就成为人民每日不可缺少的食品了。毛里塔尼亚人最喜欢喝中国绿茶，进口不少中国产的眉茶和珠茶。

伊斯兰教是毛里塔尼亚的国教。每天祈祷完毕，人们就开始喝茶。他们煮茶、喝茶的方法也别具一格。一般是将茶叶放进小瓷壶或铜壶里煮滚，煮罢，加入白糖和薄荷叶，然后将茶叶倒入酒杯大小的玻璃杯内，茶汁黑浓如咖啡，茶味香甜醇厚，带有薄荷的清凉味，饮后茶香和薄荷香留在喉间，令人回味良久。

毛里塔尼亚人通常一天喝三次茶，每次喝三杯。节假日在家休息，饮茶可多达10次。每煮一次茶要用30 g茶叶，所以毛里塔尼亚人的茶叶消耗量很大，住在城市的人家，每户每月要消费约6 kg茶叶，他们买茶都是5 kg、10 kg地大量购买。他们对茶叶品质的要求是味浓适中，多次煮泡后，汤色不变，并喜欢汤色深的茶。一般贮藏时间略长的茶叶，反而受欢迎。

此外，招待朋友时，茶也是必需品。每当朋友来访，好客的主人就煮好甜茶招待，称为"见面一杯茶"。这种风味独具的浓糖茶，不但是毛里塔尼亚人的一种民族传统饮料，也是中国绿茶在国外的一种主要饮用方法。

（2）摩洛哥饮茶习俗

茶通过中国丝绸之路，又穿越阿拉伯世界，来到了北非的摩洛哥。摩洛哥人主要信奉伊斯兰教，不饮酒，其他饮料也少，于是这里饮茶之风更浓于茶叶故乡——中国，而且比中国更加讲究，可以说是摩洛哥文化的一部分。摩洛哥人上至国王，下至百姓，每个人都喜欢喝茶。

每逢过年过节，摩洛哥政府必以甜茶招待外国宾客。在日常的社交鸡尾酒会上，必须在饭后饮三道茶。所谓三道茶，是敬三杯用茶叶加白糖熬煮的甜茶，一般茶叶与糖的比例为1：10。主人敬完三道茶才算礼数周备。在酒宴后饮三道茶，口齿甘醇，提神解酒，十分舒服。而喝茶用的茶具，更是珍贵的艺术品。摩洛哥国王和政府赠送来访国宾的礼品，一为茶具，二为地毯，都属驰名于世的物品。一套讲究的摩洛哥茶具可达100 kg。

在繁忙热闹的市场里、窄小的街道上，随时可见手托锡盘、脚步匆匆、从身旁擦身而过的伙计，盘中放着一把锡壶，两个玻璃杯，这是商店的小伙计从家中取茶来给老板饮用，或是茶房为商店送茶去。

在流动旧货市场里，茶棚是最热闹的地方。炉火熊熊燃烧着，大壶里的沸水突突作响，老板娘从麻袋里抓一把茶叶，再从另一只麻袋敲下一块白糖，再捏一撮薄荷叶，一起丢进小锡壶中，注入沸水，再把小锡壶放到火上去煮。壶水开过两遍后，老板娘将小锡壶递给等在摊子旁的宾客饮用。摩洛哥茶清香、极浓、极甜，加上鲜薄荷的清凉，入口暑气全消，极能提神。

摩洛哥一般人家，也有客来敬茶的礼俗。

摩洛哥不产茶，茶叶全靠进口，有95％来自中国，中国的绿茶和每个摩洛哥人息息相关。

（3）埃及饮茶习俗

埃及是重要的茶叶进口国。埃及人喜欢喝浓厚醇洌的红茶，但他们不喜欢在茶汤中加牛奶，而喜欢加蔗糖。埃及糖茶的制作比较简单，将茶叶放入茶杯用沸水冲沏后，再在杯子里加上许多白糖，其比例是一杯茶要加入1/3容积的白糖，待糖充分溶化后，便可以喝了。茶水入口后，有黏黏糊糊的感觉，一般人喝上两三杯后，甜腻得连饭也不想吃了。

埃及人泡茶的器具很讲究，一般不用陶瓷器具，而用玻璃器皿。红浓的茶水盛在透明的玻璃杯中，像玛瑙一样，非常美观。埃及人从早到晚都喝茶，无论是朋友谈心还是社交集会，都要沏茶。糖茶是埃及人招待宾客的最佳饮料。

（4）肯尼亚饮茶习俗

肯尼亚位于东非高原的东北部，是一个横跨赤道的国家；濒临印度洋，属于热带草原性气候，平均海拔 1 500 m，终年气候温和，雨量充足，土壤呈红色，并呈酸性，很适合茶叶生长。1903 年英国统治时期，自印度引进茶种，试植于内罗毕附近，1933 年茶园面积已有将近 4 000 hm²。1963 年肯尼亚独立时，茶园面积达 20 000 hm²。1980 年茶园面积增长到 76 000 hm²，茶叶产量达 80 000 t。1995 年茶园面积为 120 000 hm²，茶叶总产量达 250 000 t。肯尼亚主要出口红茶，是非洲最大的产茶国，也是世界第四大产茶国和输出国。

肯尼亚人民喝茶深受英国人影响，主要饮红碎茶，也有喝下午茶的习惯，冲泡红茶加糖的习惯很普遍。过去只有上层社会的人才饮茶，目前一般平民也普遍喝茶，在大饭店和市面也可看到提供饮茶的场所。

3. 美洲各国饮茶习俗

（1）美国饮茶习俗

17 世纪末，茶叶随同欧洲移民一起来到了美洲新大陆，并很快成为那里的流行饮料。1773 年，为了抗议英国政府颁布茶税法以帮助本国商人向北美倾销茶叶，愤怒的美国民众将停泊在波士顿港的英籍船上的 342 箱茶叶全部投入大海，这就是著名的"波士顿倾茶事件"，也成为美国独立战争的导火索，可见茶在当时的新大陆有多么大的影响。

1784 年，美国派遣一艘名为"中国皇后号"的商船，远渡重洋首航到中国来，运回茶叶等物资，进一步推动了饮茶风尚的兴起与茶叶贸易、文化的发展。

美国的茶叶市场，18 世纪以武夷茶为主；19 世纪以绿茶为主；20 世纪以后红茶数量剧增，占据了绝大部分的市场。在包装形式上，袋泡茶约占 55%。至于速溶茶、混合茶粉、各种散装茶也不少。近年来，还兴起了罐装茶水，大部分是作为冷饮料，冷藏后饮用。

袋泡茶是近代发明的方便快速的泡茶法。起源自纽约的茶叶批发商汤玛士·撒利邦，他偶然将茶的样本放入绢布袋中，有一位餐厅的顾客无意间将这个绢布袋装进了盛有热水的茶壶里，袋茶就这样诞生了。

美国人和英国人喝茶的方式有很大的差异，英国人喜欢喝热红茶，美国人喜欢喝加了柠檬的冰红茶。饮用冰茶省时方便，冰茶又是一种低热量的饮料，不含酒精,咖啡因含量比咖啡低,有益于身体健康。消费者还可结合自己的口味,添加糖、柠檬或其他果汁等,茶味混合果香,风味甚佳。因此,冰茶在美国成为非常受欢迎的饮料,并成为阻止汽水、果汁等冷饮冲击茶叶市场的武器。

冰茶作为运动饮料也备受推崇,既可解渴,又有益于运动员的精力恢复与保持体形健美。人们在紧张、劳累的体力活动之后,喝上一杯冰凉的茶,顿觉疲劳尽消,精神为之一振。

（2）阿根廷饮茶习俗

阿根廷位于南美洲,北处热带,南距南极大陆不足 970 km, 南北延伸达 3 700 km。阿根廷首都布宜诺斯艾利斯是南美第二大都会区。

1812 年,南美就开始从中国引进茶种与技术,当时是在巴西首都附近试种。1850 年,茶园初具规模。1920 年,南美引进阿萨姆等茶种,在秘鲁、巴拉圭、阿根廷等地试种并开垦茶园。居住在南美的日本移民对茶园的开辟发挥了积极作用,蒸青绿茶的制造是日本移民的主要贡献。

南美的茶叶品类主要是红茶和少量的蒸青绿茶。南美洲产茶国家是阿根廷、巴西、秘鲁、厄瓜多尔及智利。南美人的饮茶习俗,与北美、欧洲人大同小异。餐厅或专卖店除了贩售红茶外,也有些绿茶、袋泡茶、速溶茶等。一般家庭盛行饮用当地所产的马黛茶（Yerba Mate）,这种非茶之茶,主要产地是位于阿根廷和乌拉圭交界的拉普拉塔河流域的潮湿炎热地区,最早是印第安人发现和饮用的,今天已经是南美洲人民日常生活中不可缺少的饮料之一。

饮用马黛茶,用造型质朴、图案典雅的茶具,通常用热水冲泡,有的还佐以糖、橘汁饮用。传统的饮法是众人合饮。饮茶时,大家围坐一堂,按顺序传递,边饮茶边聊天,生活气息浓厚。

4．大洋洲各国饮茶习俗

茶是大洋洲人民喜爱的一种饮料。

最初，大洋洲的茶叶市场为中国茶所占领，到 19 世纪末，印度茶、斯里兰卡茶相继进入并开拓市场，成为中国茶的强劲对手。

大洋洲的澳大利亚、新西兰等国国民，多为欧洲移民的后裔，他们仍保留着英式饮茶习惯：在红茶中加牛奶、糖，或加柠檬、糖来饮用。他们尤其喜欢颗粒整洁、茶香馥郁、茶味浓厚、汤色鲜艳、质性中和的红碎茶。他们同英国人一样，也有早茶、下午茶的名目，茶座遍布城乡。

5．亚洲各国饮茶习俗

（1）伊拉克饮茶习俗

阿拉伯人自古以来就与茶结下了不解之缘。伊拉克人不喝绿茶，喜欢喝红茶；不喝泡的茶，只喝煮的茶，因为煮的茶比泡的茶味道浓郁。

伊拉克的家庭主妇都是煮茶好手，宾客来了，由主妇煮茶，主人双手捧上一杯热腾腾、香喷喷的红茶敬客，这是最基本的待客之道。

伊拉克的政府机构、公私企业也有专门煮茶的工人，饭店、餐厅及其他公共场所也有茶水供应，喝茶普及整个社会。

（2）土耳其饮茶习俗

土耳其的黑海沿岸地带，气候温和，雨量均衡，因此自古希腊时代起，此地便被视为谷仓地带而加以开发，但现在这里的农产品已与古代不同，红茶、烟草已取代了小麦而成为主要作物。土耳其人爱喝茶，他们的煮茶方式与众不同。

土耳其人煮茶使用一大一小两个壶，大壶盛满水放在炉子上烧，小壶中装上茶叶放在大壶上面，等水煮开了，把大壶中的水冲进小壶的茶叶中，然后再煮片刻，最后把小壶里的茶，根据每个人所需的浓淡程度，多少不均地倒入小玻璃杯里，再把大壶里的开水冲到小杯里，加上一些白糖，搅拌数下便可饮用。

土耳其人买茶，不问什么茶叶，有茶就买。他们请宾客喝茶时也不介绍这是什么茶，而是夸奖自己茶煮得好。土耳其人煮茶很有学问，煮到恰到好处时，色泽透明，香味扑鼻，饮来可口；反之，则茶呈黑暗色，喝起来不香醇。

在土耳其境内，到处可以看到茶馆。土耳其的茶馆，为该国都市与农村不可或缺的社交场所，还具有充当传播中心的功能。一到夏天，茶馆经常设于野外景致优美的地方。人们一边喝着玻璃杯中的浓茶、咖啡，或叼着大烟斗，一边天南地北地闲聊着，以此度过美好的黄昏时光。此外，不少点心店和小吃店也兼卖茶。大街小巷中常看到茶馆的服务员手里提着一个很精致的托盘，上面放着一满杯滚烫的茶，挨家挨户给周围的店铺送茶。在长途汽车站或码头上，卖茶的人就更多了。在机关、学校里，都有专人负责煮茶、送茶。学生课间休息时也喜欢在学校的茶室里喝茶。

不少土耳其人早晨起床，甚至还没刷牙、洗脸，就先喝一壶茶，以此揭开一天的序幕。

（3）巴基斯坦饮茶习俗

巴基斯坦属于亚热带气候和热带气候，天气炎热，人民多食牛羊肉和乳品，饮茶可以除腻消食，消暑解渴；巴基斯坦人主要信奉伊斯兰教，严格戒酒，但可饮茶。因此，饮茶成为巴基斯坦人普遍的爱好。

在巴基斯坦，一般人家的主妇每天起床第一件事就是点火煮茶，然后全家人一起喝茶。上班后第一件事，也是先喝一杯红茶。在农村中劳动的人们，休息时也是喝上几杯茶，以驱除疲劳，恢复精神，茶已是巴基斯坦人日常生活中不可或缺的饮料。

巴基斯坦人喝红茶，大多采用烹煮法，即先将红茶放入开水壶中熬上几分钟，然后用过滤器去除茶渣，将茶汤倒入茶杯，再加入牛奶、糖，搅拌均匀后饮用。巴基斯坦西北高地和一些游牧民族喜欢喝绿茶，通常在茶中加糖，但不加薄荷。有的地区用沸水冲泡，有的地区用烹煮法。巴基斯坦人不仅爱喝茶，对茶具也颇为讲究，每家都有完整的一套茶具，包括开水壶、茶壶、茶杯、过滤器、糖杯、奶杯和茶盘等。瓷器茶杯有托无盖，杯面绘有具民族特色的蓝色花纹。茶壶、糖杯、奶杯、茶盘等通常是铝制品。

"客来敬茶"是巴基斯坦人民对宾客的一种礼遇，主人烹煮红茶，并送上饼干、蛋糕等点心待客，宾主边吃边谈，其乐融融。

（4）印度饮茶习俗

印度是世界红茶的主要产地。印度人民喝奶茶的习惯是从西藏学来的。在西藏饮茶与佛教相结合，喇嘛诵经以喝奶茶来提神醒脑，所以信佛教的印度人也纷纷仿效。

印度奶茶中放羊奶，与红茶汤的比例是 1∶1，有些人在红茶煮好后，放进一些生姜片、茴香、丁香、肉桂、槟榔和豆蔻等。放这些作料不仅提高了茶的香味，还有利于人体健康，因此这些奶茶又叫"调味茶"。

在印度北方的家庭里，也有"客来敬茶"的习俗。宾客来访时，主人先请宾客坐到铺有席子的地板上，然后给宾客献上一杯加了糖的茶水，并摆出水果和甜食作为茶点。宾客接茶时，不要马上伸手接过，而要先客气地推辞，一边连声道谢，当主人再一次向宾客献茶时，宾客才用双手接过，然后一边慢慢品饮，一边吃茶点，宾主都彬彬有礼，气氛十分和谐。

（5）马来西亚饮茶习俗

马来西亚传统喝的是"拉茶"。拉茶是源自印度的饮品，用料与奶茶差不多。调制拉茶的师傅在配制好料以后，即用两个杯子，像表演杂技一般，将奶茶倒来倒去。由于两个杯子的距离较远，看上去好像白色的奶茶被拉长了似的，成了一条白色的粗线，十分有趣，拉茶也因此而得名。

拉好的奶茶像啤酒一样充满了泡沫，喝下去十分舒服。因拉茶有消滞的作用，所以，马来西亚人在闲时都喜欢喝上一杯。马来西亚最早的茶艺馆是紫藤茶艺馆。

（6）日本饮茶习俗

提到日本与中国茶的关系，将南宋的"抹茶"传入日本的是镰仓时代的荣西禅师，将明代的"煎茶"传入日本的是江户初期的隐元禅师。日本的茶道分为抹茶道和煎茶道两种，通常所称的"茶道"一词所指的是较早发展出来的抹茶道。抹茶道和煎茶道之间有着相当大的差异，一般所谓的抹茶道，叫作"茶之汤"，使用末茶，其饮茶方法是由宋代饮茶演化而来的。但是宋代采用团茶，而日本采用末茶，省去罗碾烹炙之劳，直接以末茶加以煎煮。煎茶道则是直接由明代饮茶法演化而来的。

日本的茶道始终占据日本茶礼法的主流，至今更是隆盛至极。茶道不只讲究喝茶，更注重喝茶礼法，有严格的规制、详备的规范。而煎茶道起源较晚，到江户时代才开始。最初，煎茶只是文人雅士的遣情娱乐，一直到天保年间，才有茶人从抹茶道的形式理论中加以撷精融贯，使之演变成茶礼茶法，而且和抹茶道一样，渐渐有了师承，衍生出各种流派。

日本煎茶道大约只有 200 年的历史，比起 500 年历史的茶道来，它的文化意蕴浅显得多。但是，从另一方面来看，煎茶道适世能力极强，应变得宜，风流典雅，能补传统之不足，故能蒸蒸日上，越来越受到人们的喜爱。

日本近年来开始流行喝中国茶，并已普及一般家庭。各地的文化教室纷纷开设讲座，介绍如何选茶叶、沏茶、品茶。中国茶流行的原因，除人们认为中国茶有助于缓解压力、防治过敏、减肥外，日本人在和华人接触后感受到喝中国茶的风雅，也是原因之一。

1996 年以来，东京陆续出现了专卖中国茶的茶馆，如"华泰茶庄""阿兰茶屋""游茶公司"等，并成立了"日本中国茶协会"，以推广中国茶。另外，日本人对罐装茶也很感兴趣。

日本民族嗜好饮茶，但现代生活节奏快，若都要按茶道精神去细饮慢啜，有实际困难，所以在这种情况下，合乎快速、简便要求的速溶性饮料便应运而生。罐装乌龙茶也很受欢迎，早些年在日本掀起了乌龙茶热，罐装液态乌龙茶便风行日本列岛。罐装液态乌龙茶是日本伊藤园制茶株式会社，以中国福建乌龙茶为原料，经科学方法浸提而成的，饮用方便，同时还可以享受到乌龙茶之美。

（7）韩国饮茶习俗

韩国的饮茶历史可源自统一新罗时代（668—901 年），在《三国遗事》中记载，驾洛国末代君仇衡投降新罗以后，首露王十七代孙赓世级于行祭时，已用茶为祭品。

韩国农历每月的初一、十五，节日和祖先生日，在白天举行的祭礼，都称为茶礼。这种茶礼实际包括了有关茶俗、宗庙、佛教、官府，以及儒家的茶礼。在这些茶礼中，不一定是喝茶，甚至不一定有茶，而是一种庄重、尊敬的仪式。以茶为中心的活动，也有称为"茶礼""茶道""茶仪"的，近年来称"茶艺"者在韩国越来越多。韩国的饮茶与中国古代饮茶颇为相似，集佛教禅宗文化、儒家思想、道家理论于一体。以"和""静"为基本精神，其含义包括"和""敬""俭""真"。

1）和。要求人们心地善良，和平相处。

2）敬。尊重别人，以礼待人。

3）俭。俭朴廉正。

4）真。为人正派，以诚相待。

茶礼的过程，从迎客、环境、茶室陈设、书画、茶具造型与排列，投茶、注茶、点茶、喝茶到茶点等，都有严格的规矩和程序，力求给人以清静、悠闲、高雅、文明之感。

韩国的茶道分为煮茶法和点茶法。

煮茶法是把茶叶放入石锅里熬煮，然后舀到碗里喝。

点茶法在李奎报先生《南行月日记》中有记载："侧有庵，俗称蛇包圣人之旧居……但无泉水，突然岩隙涌泉，其味甘如奶，故试点茶。"到了高丽时期，点茶法开始盛行，就是把研膏茶用研磨磨成茶末，投入茶碗，倒入开水，用茶筅搅拌形成乳花后饮用。后来，茶叶不用研磨，直接放入茶碗中，用开水冲泡饮用，又称泡茶法。

宗庙茶礼是皇家每年在指定的节日到庙里举行的祭礼，祭品包括糕饼、饭食、水果、茶叶等。

佛教茶礼开始于新罗时代，是从华严宗的文殊菩萨信仰、净土宗的弥勒佛信仰而形成佛教茶礼。每年三月三、九月九，信众都要向文殊菩萨和弥勒佛供奉茶汤。

官府茶礼是高丽时期朝廷所举行的茶礼，大致可分为9种：燃灯会茶礼、八关会茶礼、重刑奏对仪茶礼、迎北朝诏使的仪式茶礼、祝贺太子诞生的仪式茶礼、给王太子分封的仪式茶礼、给王子和王姬分封的仪式茶礼、公主出嫁时的仪式茶礼和给群臣摆酒时的仪式茶礼。

另外，还有在宋朝时期从中国传入朝鲜，模仿朱熹《家礼》举行的冠婚丧祭茶礼。

韩国近年来逐渐恢复茶礼，并推广茶文化，开辟茶园，所产大都是绿茶，也有少量的乌龙茶。饮茶的方式多姿多彩，有传统的点茶法，末茶、叶茶并存，也有近代新发展的茶艺。由于茶叶价格昂贵，一般家庭平时以饮用一种代用茶为多，即以麦子炒熟冲泡饮用，只有宾客来访时才用茶叶。不过随着大城市现代茶艺馆的纷纷出现，红茶、绿茶、乌龙茶、普洱茶也逐渐流传开来。为发展韩国的茶文化，有关茶文化的团体，如韩国茶道协会、韩国茶人联合会、韩国茶文化协会、韩国茶学会、陆羽茶经研究会等全国性团体和各地分会，纷纷成立。

二、涉外礼仪的基本要求

礼仪与每个人都有关系，涉及各行各业和不同的生活、工作领域，而在每个特定领域里都有特定的礼仪要求，因此，礼仪丰富多彩。

在涉外服务活动中，茶艺馆应按国际惯例及涉外礼仪，吸收国际上一些好的做法，并继承和发扬我国优良的礼仪传统，以形成茶艺服务的独特风格。茶艺服务人员要显示其较高的文化素养和积极的精神面貌。

1. 原则

（1）要贯彻大小国家一律平等的原则，尊重各国的礼节、风俗习惯与禁忌，对外宾不卑不亢，不强加于人。

（2）要根据茶艺的特点为外宾提供上乘服务，满足不同国籍宾客的要求。

（3）要从实际出发，在茶艺服务中力求有针对性，注重实效，待人接物举止文雅，热情周到。

2. 要求

（1）对外宾保持传统的习俗和正常的宗教活动不干涉。

（2）对宾客的风俗习惯及宗教信仰不非议。

（3）对外宾的生活习惯及宗教信仰不随便模仿，以防弄巧成拙。

三、世界各国礼仪和禁忌

茶艺馆的服务面向全世界的宾客，茶艺服务人员要做到喜迎嘉宾，礼貌服务，就需要了解各国、各民族的礼仪、习俗及其禁忌，必须掌握这方面的知识，以提高自身的素质。世界各国、各地区都有其独特的礼仪和禁忌。

1. 日本人

日本人忌讳绿色，认为绿色不祥，也忌荷花图案。当日本宾客到茶艺馆品茶时，茶艺服务人员应注意不要使用绿色茶具或有荷花图案的茶具为他们泡茶。

2. 新加坡人

新加坡人视紫色、黑色为不吉利，黑白黄为禁忌色。在与他们谈话时忌谈宗教与政治方面的问题，不能向他们讲"恭喜发财"之类的话，因为他们认为这种话有教唆别人发横财之嫌，是在挑逗、煽动他人干对社会和他人有害的事。

3. 马来西亚人

马来西亚人忌用黄色，单独使用黑色认为是消极的。因此，在茶艺服务中要注意茶具色彩的选择。

4. 英国人和加拿大人

英国人和加拿大人忌讳百合花，茶艺服务人员在品茗环境的布置上要注意这一点。

5. 法国人和意大利人

法国人忌讳黄色的花，意大利人忌讳菊花。茶艺服务人员要注意这些。

6. 德国人

德国人忌吃核桃，忌讳随意送人玫瑰花，所以不要向德国宾客推荐玫瑰针螺类的花茶，准备茶点时不要摆核桃。

第 2 节　接待

接待工作体现着茶艺馆服务工作的优劣及服务质量的高低。随着中国茶艺逐渐进入世界，越来越多的国外宾客对中国古老的茶文化发生兴趣。于是，茶艺馆便是他们了解茶文化的理想场所，而茶艺馆如何接待好外宾则成为非常重要的工作环节。

一、接待外宾注意事项

1. 在茶艺服务接待过程中，应以我国的礼貌语言、礼貌行动、礼宾规程为行为准则，使外宾感到中国不愧是礼仪之邦。在此前提下，当茶艺接待方式不适应宾客时，可适当地运用他们的礼节、礼仪，以表示对宾客的尊重和友好。

2. 茶艺服务人员在接待国外宾客时，要以"民间外交官"的姿态出现，特别要注意维护国格和人格，既不盛气凌人，也不低三下四、妄自菲薄，绝对不能有损我们伟大祖国的光辉形象。

3. 茶艺服务人员在接待外宾时，应满腔热情地对待他们，绝不能有任何看客施礼的意识，更不能有以貌取人的错误态度，应本着"来者都是客"的真诚态度，以优质服务取得宾客对茶艺服务人员的信任，使他们乘兴而来，满意而归。

4．在茶艺接待工作中，宾客有时会提出一些失礼甚至无理的要求，茶艺服务人员应耐心地加以解释，决不要穷追不放，把宾客逼至窘境，否则会使对方产生逆反心理，不仅不会承认自己的错误，还会导致对抗，引起更大的纠纷。茶艺服务人员要学会宽容别人，给宾客体面地下台阶的机会，以保全宾客的面子。当然，宽容绝不是纵容，不是无原则地姑息迁就，应根据客观事实加以正确对待。

二、茶艺英语会话

Greeting 问候语

1．Good morning,sir.May I help you?

早上好，先生。我能为您效劳吗？

2．Hello,madam.What can I do for you?

您好，女士。我能为您做些什么吗？

3．Is there anything I can do for you?

有什么事我可以为您效劳吗？

4．Can I be of any assistance?

我能帮助您吗？

5．Good afternoon,sir.Anything I can do for you?

下午好，先生。能为您效劳吗？

6．Have you been waited on?

要我效劳吗？

7．Good evening,Mr.Peter.How are you recently?

晚上好，彼得先生。近来好吗？

8．Good afternoon,Mrs.Betty.Nice to meet you.

下午好，贝蒂夫人。见到您很高兴。

New Words 生词

1．sir [sɜ:(r)] n.先生，阁下（通常对陌生男子、长辈等的尊称）。

2．madam ['mædəm] n.（对妇女的尊称）夫人，女士。

3．assistance [əˈsɪstəns] n. 帮助。

Inquires 询问

1．How many,sir?

请问几位，先生？

2．May I have your name please ?

请问您的大名？

3．May I have your address please?

请问您的地址是什么？

4．May I have your telephone number please?

请问您的电话号码是什么？

5．Would you like black tea?

请问您要红茶吗？

6．How do you do?What kind of tea do you like?

您好！请问您喜欢喝哪种茶？

7．Do you have a reservation，sir?

请问您有预订吗？

8．Would you like anything more?

请问您还需要点什么？

9．Excuse me,what is the tea do you like?

对不起，请问您喝什么茶？

New Words 生词

1．address [əˈdres] n. 通信处，住址。

2．telephone [ˈtelɪfəun] n. 电话。

3．telephone number 电话号码。

4．black [blæk] adj. 黑色的，黑暗的。

5．black tea 红茶。

Would you please…请求、要求

1．Would you mind sitting down here?

请坐这边好吗？

2．Would you please refrain from smoking here?

请您别在这里吸烟好吗？

3．Would you please leave your umbrella out of the door?

请您把雨伞放在门外好吗？

4．Would you please show me your V.I.P Card?

请出示您的贵宾卡好吗？

5．Would you please sign your name here?

请您在这儿签字好吗？

6．Would you mind waiting for a second?

请您稍等一下好吗？

7．Follow me,please.

请跟我来。

8．May I have a look at your V.I.P Card?

请让我看一看您的贵宾卡好吗？

9．This way,please.

请这边走。

New Words 生词

1．sit [sɪt] vt.&vi. 坐，坐落，位于。

2．sit down 坐下。

3．refrain [rɪ'freɪn] vi. 制止，戒除。

4．umbrella [ʌm'brelə] n. 雨伞。

5．sign [saɪn] vt.&vi. 签名，署名于（文件）。

6．V.I.P Card 贵宾卡。

7．second ['sekənd] n. 秒，片段，瞬间。

Expressing Gratitude and Offering Apologies 感谢和致歉

1．Thank you.

谢谢。

2．Thank you very much for your kindness.

非常感谢您的好意。

3．Thank you. That's very kind of you.

谢谢。您真是太好了。

4．It's very kind of you to say so.

谢谢您的夸奖。

5．I'm sorry to have kept you waiting.

很抱歉让您久等了。

6．I'm sorry,sir,we don't accept dollars.

对不起，先生，我们不收美金。

7．I'm sorry,we don't accept Credit Card.

对不起，我们不收信用卡。

8．Sorry,sir,we only accept cash.

对不起，先生，我们只收现金。

New Words 生词

1．kindness ['kaɪndnəs] n. 友好，仁慈。

2．accept [ək'sept] vt. 接受、同意。

3．dollar ['dɒlə(r)] n. 元（美国、加拿大、澳大利亚、墨西哥等国家的货币单位）。

4. credit ['kredɪt] vt. 相信，信任，贷款。

5. Credit Card 信用卡。

6. cash [kæʃ] n. 现金，现款。

On The Telephone 接电话

1. Mr.Jones,please.

请接琼斯先生。

2. I'm sorry,there is no one by that name here.

很抱歉，这里没有这个人。

3. I'm afraid that you have the wrong number.

对不起，您打错电话了。

4. Who's calling,please?

请问您是哪位？

5. Please hold the line a moment.

请稍等别挂电话。

6. She is bussing now,please call back later.

她正忙着，请稍后再打来。

7. Thank you for waiting.

谢谢您久等了。

8. Would you mind speaking more slowly?

请您说得再慢一点好吗？

New Words 生词

1. afraid [ə'freɪd] adj. 恐怕，担心。

2. mind [maɪnd] vi. 注意，介意。

3. moment ['məumənt] n. 瞬间，片刻，一会儿。

4. hold [həuld] vt.&vi. 拿在（手里），握住，抱住。

5. hold the line（电话）拿在手上，别挂断。

6. speak [spiːk] vt.&vi. 讲话，说话。

7. slowly [ˈsləuli] adv. 慢慢地。

三、茶艺日语会话

ご挨拶する　问候语

1. おはようございます！	早安！
2. こんにちは！	您好！
3. こんばんは！	晚上好！
4. おやすみなさい！	晚安！
5. いらっしゃいませ！	欢迎光临！
6. お元気ですか？	您身体好吗？
7. よろしくお願いします！	请多关照！
8. ご機嫌如何ですか？	最近怎么样？
9. お会いしましょう！	回见！
10. さようなら！	再见！
11. お気をつけて！	请慢走！
12. お目にかかれて大変嬉しいです！	见到您很高兴！
13. お会いできて光栄です！	见到您很荣幸！
14. またのお越しをお待ちしています！	欢迎再次光临！

単語　单词

1. お願い「おねがい」	愿望、心愿
2. ご機嫌「ごきげん」	心情、情绪
3. 如何「いかが」	怎样、如何
4. お目にかかれる「おめにかかれる」	见面
5. 嬉しい「うれしい」	高兴

6. 光栄「こうえい」 光荣、荣誉

質問をする　询问

1. 何名様ですか？ 请问几位？

2. お名前をお教え願えませんか？ 请问您的大名？

3. ご住所をお教え願えませんか？ 请问您的地址？

4. 電話番号をお教え願えませんか？ 能告诉我您的电话号码吗？

5. 紅茶はいかがでしょうか？ 请问红茶可以吗？

6. ご予約をなさっていらっしゃいますか？ 请问您有预约吗？

7. ご注文をどうぞ？ 你想要点什么？

8. ほかには何がございますか？ 还需要些什么？

9. 何かをお飲みになりますか？ 请问要喝点什么？

10. すみません、この席は空いていますか？ 这座位有人吗？

11. すみません、タバコを吸ってもいいですか？ 请问我可以在这里吸烟吗？

12. お手洗いはどこですか？ 请问卫生间在哪里？

13. お会計はどこですか？ 请问在哪里结账？

14. 何かお勧めのお茶はありますか？ 有什么茶可推荐吗？

15. 冷房が強すぎますから、弱くなりませんか？ 冷气太强了，能不能放弱点？

単語　单词

1. 名前「なまえ」 姓名

2. 住所「じゅうしょ」 住所

3. 電話番号「でんわばんごう」 电话号码

4. 予約「よやく」 预约

5. 希望「きぼう」 希望

6. 席「せき」 席位、位

7. 吸う「すう」 抽、吸入

8. タバコ　　　　　　　　　　　　　　　　香烟

9. お手洗い「おてあらい」　　　　　　　　卫生间

10. 会計「かいけい」　　　　　　　　　　結账、付款

11. 勧める「すすめる」　　　　　　　　　推荐

12. 冷房「れいぼう」　　　　　　　　　　空调

13. 強い「つよい」　　　　　　　　　　　强

14. 弱い「よわい」　　　　　　　　　　　弱、微弱

許可を求める　請求

1. こちらへどうぞ。　　　　　　　　　　　这边请。

2. ここでおタバコはご遠慮下さい。　　　　请别在这里吸烟。

3. 傘は外に置いてください。　　　　　　　请把雨伞放在外面。

4. ヴィプカードを見せてください。　　　　请出示一下您的贵宾卡。

5. 現金でお支払いください。　　　　　　　请付现金。

6. すみません。　　　　　　　　　　　　　请原谅。

7. 窓を開けてください。　　　　　　　　　请把窗户打开。

8. ちょっとお願いしてもいいですか。　　　能请您帮个忙吗?

9. お名前を伺ってもよろしいですか。　　　请问您怎么称呼?

10. 大きな声で話さないで下さい。　　　　请不要大声说话。

11. 静かにして下さい。　　　　　　　　　请安静些。

12. お勘定をお願いします。　　　　　　　请结账。

13. 勘定書をお願いします。　　　　　　　请给我账单。

14. 大きい個室をお願いします。　　　　　请给我安排个大包厢。

15. 私の話を聞いてください。　　　　　　请听我说。

単語　単词

1. 傘「かさ」　　　　　　　　　　　　　雨伞、伞

茶
艺师（高级）（第2版）

2. ヴィプカード　　　　　　　　　　　贵宾卡

3. 見せる「みせる」　　　　　　　　　看、让看

4. 支払う「しはらう」　　　　　　　　支付、付款

5. 窓を開ける「まどをあける」　　　　打开窗户

6. 勘定書「かんじょうしょ」　　　　　账单

7. 静か「しずか」　　　　　　　　　　安静

8. 個室「こしつ」　　　　　　　　　　包厢

お礼とお詫び　道谢和歉意

1. どうも、ありがとうございます！　　太感谢您了！（敬语）

2. どうも、ありがとう！　　　　　　　多谢！

3. ありがとう！　　　　　　　　　　　谢谢！

4. ご親切に感謝します！　　　　　　　谢谢您的好意！

5. とういたしまして！　　　　　　　　不客气！

6. こちらこそ。　　　　　　　　　　　我要谢谢您才是。

7. 本当に申し訳ございません。　　　　实在对不起。

8. お待たせして、すみません。　　　　对不起，让您久等了。

9. これは私のミスです。　　　　　　　这是我的疏忽。

10. お気になさらないで下さい。　　　　请别放在心上。

11. ごめんなさい。　　　　　　　　　　对不起。

12. 大丈夫です。　　　　　　　　　　　没关系。

単語　单词

1. 親切「しんせつ」　　　　　　　　　亲切、好意

2. 感謝「かんしゃ」　　　　　　　　　感谢

3. 本当「ほんとう」　　　　　　　　　真正、真实

4. 待つ「まつ」　　　　　　　　　　　等待

5. 失礼「しつれい」　　　　　　　　　　　失礼、不礼貌

6. 大丈夫「だいじょうぶ」　　　　　　　　没关系

電話をかける　打电话

1. 田中さんをお願いします。　　　　　　　请给我叫田中先生。

2. 高田さんはいらっしゃいますか。　　　　高田先生在吗?

3. お電話がよく聞こえません。　　　　　　电话听不清楚。

4. もう少しゆっくりお話しいただけませんか。请再慢一点儿说。

5. 申し訳ございません、私が間違えました。 对不起，是我错了。

6. どちら様でしょうか。　　　　　　　　　您是哪一位?

7. お名前を頂戴できますか。　　　　　　　能请教您的姓名吗?

8. 少々お待ちいただけませんか。　　　　　请您稍等一会儿。

9. お待たせしました。　　　　　　　　　　让您久等了。

10. 王玲は今出かけております。　　　　　　王玲不在。

11. 折り返しお電話をさせていただきます。 我让他给您回电话。

12. 折り返しお電話をいただけますか。　　　请他给我回电话。

13. しばらくお待ちください、王玲は

　　　今手が離せません。　　　　　　　　请稍等，王玲正在忙。

14. 電話を切らずに、そのままお待ちください。

　　　王玲はすぐまいります。　　　　　　请别挂电话，王玲马上就来。

15. 念のために、もう一度確認させていただきます。为慎重起见，我再重复一遍。

単語　单词

1. 間こえる「きこえる」　　　　　　　　　听得见

2. ゆっくり　　　　　　　　　　　　　　　慢慢（地）

3. 間違える「まちがえる」　　　　　　　　弄错

4. 出かける「でかける」　　　　　　　　　出去、出门

5. 折り返す「おりかえす」　　　　　　返回、回

6. 離す「はなす」　　　　　　　　　　离开

7. 念のため「ねんのため」　　　　　　以防万一

8. 確認「かくにん」　　　　　　　　　确认

四、台、港、澳同胞的接待

台、港、澳同胞忌讳说不吉利的话，过年时喜欢别人说"恭喜发财""万事如意"之类的祝贺语，不说"新年快乐"，因为"快乐"音近"快落"，不吉利。对此，茶艺服务人员在服务时要特别注意。

第 2 章　准备与演示

第 1 节　茶艺准备

一、各类名优茶产地及品质特征

1. 名优绿茶产地及品质特征

名优绿茶按其造型不同有扁平光滑形，如龙井茶、大方茶等；卷曲呈螺形，如碧螺春、都匀毛尖等；雀舌形，如金坛雀舌、高档黄山毛峰等；兰花形，如江山绿牡丹；针形，如南京雨花茶、安化松针等；盘花形，如临海蟠毫；直条形，如信阳毛尖；片形，如六安瓜片。现选择部分较有代表性的、在国内外有一定知名度的名优绿茶，以及那些历史名茶和现代的创新名茶，介绍其产地及品质特征。

（1）西湖龙井茶

西湖龙井茶产于浙江省杭州市西湖区。高档西湖龙井茶，扁平尖削挺秀，光滑匀齐，色泽翠绿或嫩绿，香气清高持久，滋味鲜爽甘醇，有鲜橄榄的回味，汤色杏绿明亮。冲泡在玻璃杯中，芽叶嫩匀成朵，一旗一枪，芽芽直立，栩栩如生。西湖龙井素以"色绿、香郁、味甘、形美"四绝著称。根据原料嫩度不同，西湖龙井分为特级、一级至五级共 6 个级别。西湖龙井茶如图 2—1 所示。

图2—1 西湖龙井茶

（2）浙江龙井茶

浙江龙井茶产于浙江省萧山、富阳、余杭、新昌、嵊州等地区。高档浙江龙井茶品质特征为扁平光滑、匀整，色泽嫩绿稍润，气嫩香，滋味醇爽稍浓，汤色黄绿明亮，叶底嫩匀、多芽、肥壮、黄绿明亮。根据品质由高到低，浙江龙井分为特级、一级至五级共6个级别。

（3）大方茶

大方茶主产于安徽歙县，浙江淳安和临安也有生产，一般作为窨制花茶的原料。由于初制中要经过"拷扁"的工艺，所以大方茶又称"拷方"。其品质特征是：外形平扁匀齐，挺直肥壮，略有棱角，色泽黄绿微褐光润；内质香气浓烈带熟栗子香，滋味浓而爽口，汤色微黄清澈，叶底黄绿明亮，肥嫩柔软多芽。

（4）洞庭碧螺春

洞庭碧螺春产于江苏省苏州市东洞庭山、西洞庭山。高档碧螺春茶外形纤细，卷曲成螺，白毫密布，色泽银绿隐翠；内质香气鲜嫩带花果香，滋味鲜爽回甘，汤色碧玉清澈，叶底细嫩，芽大叶小，嫩绿明亮。根据原料嫩度不同，分为特级、一级至四级共5个级别。洞庭碧螺春如图2—2所示。

（5）都匀毛尖

都匀毛尖产于贵州省都匀市。高档茶条索紧结纤细卷曲、披毫，色嫩绿，香气清高，滋味鲜浓，汤色嫩绿微黄，叶底嫩匀。都匀毛尖如图2—3所示。

（6）黄山毛峰

黄山毛峰产于安徽省黄山风景区及周边的徽州区、黄山区、歙县、黟县等地。按鲜叶原料的嫩度不同，黄山毛峰分为特级（一等、二等、三等）、一级至三级，其中特一级形似雀舌，肥壮匀齐，色如象牙，叶金黄，香气清香高长带花香，滋味鲜醇甘厚，汤色嫩绿明亮，叶底肥壮成朵，嫩黄明亮。黄山毛峰如图2—4所示。

图2—2 洞庭碧螺春

图2—3 都匀毛尖

图2—4 黄山毛峰

（7）金坛雀舌

金坛雀舌产于江苏省常州市金坛区，为现代创制名茶。外形扁平挺直，形似雀舌，色泽绿润，香气清高，滋味醇爽，汤色嫩绿明亮，叶底嫩匀成朵，嫩绿明亮。

（8）江山绿牡丹

江山绿牡丹产于浙江省江山市。外形条直似花瓣，形状自然呈兰花形，色泽翠绿鲜活，香气清香鲜爽，滋味鲜醇爽口，汤色碧绿清澈，叶底嫩匀成朵，嫩绿明亮。

（9）南京雨花茶

南京雨花茶产于江苏南京及周边地区。外形条索紧直浑圆，两端略尖，锋苗挺秀，形似松针，色泽深绿，略显白毫，香气浓郁高长，滋味鲜醇，汤色清绿明亮，叶底嫩匀，嫩绿明亮。南京雨花茶如图2—5所示。

图2—5 南京雨花茶

（10）临海蟠毫

临海蟠毫产于浙江省临海市。外形盘花卷曲，形似蟠桃，色泽银白隐翠，香气浓郁，滋味鲜醇甘厚，汤色嫩绿明亮，叶底肥嫩成朵，嫩绿明亮。

（11）信阳毛尖

信阳毛尖产于河南省信阳市。外形成直条形，细圆紧直，显白毫，香气清高，滋味醇浓，汤色嫩绿微黄明亮，叶底嫩匀。信阳毛尖如图2—6所示。

图2—6 信阳毛尖

（12）六安瓜片

六安瓜片产于安徽省的六安、金寨、霍山等县市，采用一芽二、三叶鲜叶原料制成，其外形为瓜子形的单片，自然平展，叶缘微翘，色泽深翠绿带灰霜点，香气清香高爽，滋味鲜爽回甘，汤色嫩绿清澈明亮，叶底为嫩匀单张，嫩绿明亮。六安瓜片如图2—7所示。

图2—7 六安瓜片

（13）安吉白茶

安吉白茶产于浙江省安吉

县，其外形挺直略扁，形如兰蕙；色泽翠绿，白毫显露；叶芽如金镶碧鞘，内裹银箭，十分可人。冲泡后，清香高扬且持久。滋味鲜爽，饮后，唇齿留香，回味甘甜而生津。叶底嫩绿明亮，芽叶朵朵可辨。"凤形"安吉白茶条直显芽，壮实匀整；色嫩绿，鲜活泛金边。"龙形"安吉白茶扁平光滑，挺直尖削；嫩绿显玉色，匀整。两种茶的汤色均嫩绿明亮，香气鲜嫩而持久；滋味或鲜醇、或馥郁，清润甘爽，叶白脉翠。安吉白茶如图 2—8 所示。

（14）浮瑶仙枝

浮瑶仙枝产于江西省景德镇市的浮梁县，这里"晴天早晚遍地雾，阴雨之时满山云"的得天独厚的自然生态环境，使茶叶长年受山岚之灵气，得日月之精华。每年清明前采摘幼芽嫩叶，平均每 500 g 含 40 000 以上芽头，用土灶柴薪，手工搓揉，精心烘焙，原始土法制作而成。故"浮瑶仙芝"茶具有：条索紧细、白毫微显、色泽翠绿、兰花高香、汤色明亮、滋味鲜爽、叶底匀嫩的特点。浮瑶仙枝如图 2—9 所示。

图 2—8 安吉白茶　　　　图 2—9 浮瑶仙枝

（15）婺源茗眉

婺源茗眉产于江西省婺源县，采摘标准为一芽一叶初展，采白毫显露、芽叶肥壮，婺源大叶种的鲜叶为原料。外形弯曲似眉，翠绿紧结，银毫披露；内质香高，鲜浓持久；滋味鲜爽甘醇。婺源茗眉如图 2—10 所示。

16）安徽绿牡丹

安徽绿牡丹产于歙县大谷运乡的上黄音坑、岱岭龙潭、仙人石一带，海拔千米左右。安徽绿牡丹为花朵型的高级炒青绿茶，既有饮用价值，又有观赏价值。

它花蒂、花瓣排列匀齐，形圆不松散，好似一朵牡丹花，因色绿、毫显、香高、汤清、味甜、形美六绝而著称，别具特色。安徽绿牡丹如图2—11所示。

图2—10 婺源茗眉

图2—11 安徽绿牡丹

2. 名优红茶产地及品质特征

（1）工夫红茶

我国工夫红茶根据产地可分为云南的滇红、安徽的祁红、湖北的宜红、江西的宁红、四川的川红、浙江的浙红（也称越红）、湖南的湖红、广东（海南）的粤红等。其中品质优良，较有代表性的工夫红茶为大叶种的滇红和小叶种的祁红。

图2—12 滇红

1）滇红。滇红产于云南省的勐海、凤庆、临沧、云县等地，品种为云南大叶种，其品质特征为外形条肥壮重实，色泽乌润显毫，香气有特殊的地域香，类似桂圆香或焦糖香，滋味鲜浓醇，收敛性强，汤色红艳，叶底肥厚红亮。滇红如图2—12所示。

2）祁红。祁红产于安徽省黄山市祁门县，品种以小叶种中的槠叶种为主，外形条细紧挺秀，色泽乌润有毫，香气带有蜜糖香，滋味鲜醇嫩甜，汤色红艳，叶底红匀明亮。祁红如图2—13所示。

3）宁红龙须茶。宁红龙须茶产于江西省修水县漫江乡宁红茶村，是采用独特工艺创制而成的特种工夫红茶，加工时用丝线捆扎成一束束的茶条，是一种特色束茶。因其成茶"身披红袍、外形似须"而得名"龙须茶"。龙须茶选料讲究，制作精细，风格独特，品质优异。身披红袍、外形似须、挺秀显毫，汤色红艳、清澈明亮，香气鲜爽馥郁，滋味甘醇爽口，叶底嫩匀有光。宁红龙须茶如图2—14所示。

图2—13 祁红

图2—14 宁红龙须茶

（2）红碎茶

大叶种红碎茶品质为：颗粒紧结重实、有金毫，色乌润或乌泛棕；香气高锐，汤色红艳，滋味浓强鲜爽，叶底嫩匀厚实、明亮。

中小叶种红碎茶品质为：颗粒紧卷，色乌润或棕褐；香气高鲜，汤色红亮，滋味鲜爽，尚浓欠强，叶底红匀明亮。红碎茶如图2—15所示。

图2—15 红碎茶

（3）小种红茶

小种红茶是红茶历史上最早出现的一个茶类，因制法特殊，在烘干时采用松柴明火烘干，因此成茶有松烟香味。小种红茶又有正山小种和外山小种之分，外山小种品质较次。

1）正山小种。正山小种产于武夷山市星村乡桐木关一带，也称桐木关小种或星村小种。正山，即表明是真正的"高山地区所产"之意。其外形条索肥实，色泽乌润，冲泡后汤色红浓，香气高长带松烟香，滋味醇厚，带有桂圆汤味，加入牛奶，茶香不减，形成糖浆状奶茶，液色更为绚丽。正山小种如图2—16所示。

2）金骏眉。金骏眉首创于2005年，产于武夷山桐木关自然保护区最核心的位置，原料采摘自武夷山国家级自然保护区内海拔1 200～1 800 m高山的原生态野茶树，6万～8万颗芽尖方能制成500 g金骏眉。结合正山小种传统工艺，其外形细长如眉，黑黄相间，乌黑之中透着金黄；香气幽雅多变，既有传统的果香，又有明显的花香，还有蜜香、薯香、花香等韵味；汤色较淡，金黄透亮；滋味特别甘鲜圆润，回味悠久。金骏眉如图2—17所示。

图2—16 正山小种

图2—17 金骏眉

3. 名优乌龙茶产地及品质特征

（1）闽南乌龙茶

闽南乌龙茶中品质优良、较具代表性的茶有安溪铁观音、黄金桂、永春佛手、毛蟹等。

1）安溪铁观音。安溪铁观音产于福建省安溪县内西坪、感德、祥华等地，外形紧结卷曲重实，色泽砂绿油润，内质香气馥郁悠长，滋味醇厚鲜爽回甘，音韵显，汤色金黄清澈明亮，叶底肥厚软亮，红边明显。安溪铁观音如图2—18 所示。

2）黄金桂。黄金桂外形细长尚卷曲，色泽黄绿或赤黄绿，香气高强有蜜桃香或梨香，滋味清醇细长鲜爽，汤色金黄，叶底黄绿，红边尚鲜红。黄金桂如图 2—19 所示。

图 2—18　安溪铁观音

图 2—19　黄金桂

3）永春佛手。永春佛手外形肥壮卷曲，较重实，色泽乌绿润，香气浓郁清长似香橼，滋味醇厚回甘，汤色橙黄，叶底肥厚，红边明显。永春佛手如图 2—20 所示。

图 2—20　永春佛手

4）毛蟹。毛蟹外形紧卷结实，稍显白芽毫，色泽乌润砂绿，香气清爽高长带鲜甜味，滋味清纯微厚，汤色橙黄或金黄，叶底黄绿柔软，红边明显。毛蟹如图 2—21 所示。

5）漳平水仙。漳平水仙又称纸包茶，外形扁平四方形，叶张主脉宽、黄、扁，色泽乌褐油润，香气鲜锐或清长，滋味醇厚爽口，汤色金黄或深金黄，叶底黄亮，红边明显。漳平水仙如图2—22所示。

图2—21 毛蟹

图2—22 漳平水仙

（2）闽北乌龙茶

闽北乌龙茶中以武夷岩茶类品质为佳，另外较具代表性的有闽北水仙、半天夭等。

1）武夷肉桂。武夷肉桂外形肥壮紧结，叶端稍扭曲，色泽绿褐油润或青褐泛黄，香气辛锐或花香浓郁清长，带乳香或桂皮香或果香，滋味醇厚甘润，汤色橙红浓艳，或橙黄清澈，叶底肥软黄亮，绿叶红镶边。武夷肉桂如图2—23所示。

图2—23 武夷肉桂

2）闽北水仙。闽北水仙条索壮结沉重，叶端扭曲，色泽油润间带砂绿蜜黄，香气浓郁，滋味醇厚回甘，汤色橙黄，叶底肥软黄亮，红边鲜艳。闽北水仙如图2—24所示。

3）半天天。半天天条索壮结，叶端稍扭曲，色泽绿褐稍润，香气馥郁似蜜香，滋味清醇适口、岩韵较显，汤色橙黄，叶底较软亮，红边鲜明。半天天如图2—25所示。

图2—24 闽北水仙　　　　图2—25 半天天

（3）广东乌龙茶

广东乌龙茶中品质优良，较具代表性的有岭头单枞、凤凰单枞等品种的乌龙茶。

1）岭头单枞。岭头单枞条索紧结挺直，色泽黄褐油润，香气有自然花香，滋味醇爽回甘，蜜味显现，汤色橙黄明亮，叶底黄腹朱边柔亮。

2）凤凰单枞。凤凰单枞主产于潮州市潮安区的名茶之乡凤凰镇凤凰山区，是从凤凰水仙群体品种中筛选出来的优异单株，品质优于凤凰水仙。其初制加工工艺接近闽北制法，外形也为直条形，紧结重实，色泽金褐油润或绿褐油润。其香型因各名枞树形、叶形不同而各有差异，清雅芬芳具桂花香的，称为桂花香单枞；香气清纯浓郁具自然兰花清香的，称为芝兰香单枞；更有栀子花香、蜜香、杏仁香、天然茉莉香、柚花香等。其滋味醇厚回甘，也因各名枞类型不同，其韵味及回甘度有区别。凤凰单枞和凤凰水仙如图2—26和图2—27所示。

图2—26 凤凰单枞

图2—27 凤凰水仙

（4）台湾乌龙茶

台湾乌龙茶中较具代表性且品质优良的乌龙茶有包种茶、冻顶乌龙茶、白毫乌龙茶、金萱和翠玉。

1）包种茶。包种茶是目前台湾省生产的乌龙茶中数量最多的，它的发酵程度是所有乌龙茶中最轻的，其品质较接近绿茶。包种茶外形呈直条形，色泽深翠绿，带有灰霜点；汤色蜜绿，香气有浓郁的兰花清香，滋味醇滑甘润，叶底绿翠。包种茶如图2—28所示。

2）冻顶乌龙茶。冻顶乌龙茶产于台湾省南投县的冻顶山，它的发酵程度比包种茶稍重。其外形为半球形，色泽青绿，略带白毫，香气兰花香、乳香交融，滋味甘滑爽口，汤色金黄中带绿意，叶底翠绿，略有红镶边。冻顶乌龙茶如图2—29所示。

图2—28 包种茶

图2—29 冻顶乌龙茶

3）白毫乌龙茶。白毫乌龙茶也称为东方美人，是所有乌龙茶中发酵最重的，而且鲜叶嫩度也是乌龙茶中最嫩的，一般为带嫩芽采一芽二叶。其外形茶芽肥壮，白毫显，茶条较短，色泽呈红、黄、白三色，汤色呈鲜艳的橙红色，内质香气带有明显的天然熟果香，滋味醇滑甘爽，叶底红褐带红边，叶基部呈淡绿色，芽叶完整。白毫乌龙茶如图2—30所示。

图2—30 白毫乌龙茶

图2—31 金萱

4）金萱。金萱产于台湾省阿里山茶区嘉义县境内。其外形紧结呈半球状或球状，色泽翠润，内质香气具有特殊的品种香，其中以表现牛奶糖香者为上品，滋味甘醇，汤色蜜绿明亮。金萱如图2—31所示。

5）翠玉。翠玉产于台湾省的坪林、宜兰、台东和南投一带。其外形紧结呈半球状或球状，色泽翠润，内质香气有似茉莉和玉兰，玉兰较明显，滋味醇，汤色蜜绿明亮。

4. 名优白茶产地及品质特征

白茶主产于福建省福鼎和政和等地，品质要求外形毫心肥壮，叶张肥嫩，叶态伸展，叶缘垂卷，芽叶连枝，毫色银白，叶色灰绿或铁青色。由于没有经过揉捻，内质汤色黄亮明净，毫香显，滋味鲜醇，叶底嫩匀。在福鼎民间对存茶有"一年茶、三年药、七年宝"的说法，认为越陈的茶，药用价值也就越高。同时，陈年白茶解毒而不凉，口感也更甜更滑更顺，较新茶更为醇厚。储藏时间久了，茶的香气也会发生变化。当年新白茶独有"毫香蜜韵"呈杏花香，3～8年的呈荷叶香，8～15年的有枣香，15年以上的呈药香。

（1）白毫银针

白毫银针亦称银针或白毫，用政和大白茶或福鼎大白茶的肥大芽尖制成。其形状如针，色白如银，外形优美，富有光泽；汤色浅杏黄色，香气清鲜，毫香显，味清鲜爽口。白毫银针如图 2—32 所示。

图 2—32 白毫银针

（2）白牡丹

白牡丹芽叶连枝，形态自然似枯萎的花瓣，色泽灰绿，叶背遍布洁白茸毛；汤色橙黄清澈明亮，香气清鲜，滋味清润，叶底浅灰绿，叶脉微红。白牡丹是采自大白茶树或水仙种的短小芽叶新梢的一芽一、二叶制成的，是白茶中的上乘佳品。白牡丹如图 2—33 所示。

图 2—33 白牡丹

（3）贡眉

贡眉有时又被称为寿眉，是白茶中产量最高的一个品种，其产量占白茶总产量的一半以上，寿眉是采自菜茶（福建茶区对一般灌木茶树的别称）品种的短小芽片和大白茶片叶制成的白茶。这种用菜茶芽叶制成的毛茶称为"小白"，以区别于福鼎大白茶、政和大白茶茶树芽叶制成的"大白"毛茶。通常以贡眉表示上品，其质量优于寿眉，近年一般只称贡眉。优质贡眉毫心明显，色泽墨绿，香气鲜纯，滋味清甜，汤色黄亮，叶底灰绿，稍有红色。贡眉茶饼如图2—34所示。

图2—34 贡眉茶饼

5. 名优黄茶产地及品质特征

黄茶的制作工艺类似于绿茶，属于轻发酵型茶类。

（1）君山银针

君山银针产于湖南省岳阳洞庭湖的君山。君山银针全部都由未开展的肥嫩芽尖制成，品质特征是外形芽实肥壮，满披茸毛，色泽金黄光亮；内质香气清鲜，汤色浅黄，滋味甜爽。冲泡后芽尖冲向水面，悬空竖立，继而徐徐下沉，部分芽叶可三上三下，最后立于杯底，状如群笋出土，汤色茶影，交相辉映，极为美观。君山银针如图2—35所示。

图2—35 君山银针

（2）蒙顶黄芽

蒙顶黄芽产于四川省雅安市名山区。鲜叶采摘为一芽一叶初展，每500 g鲜叶有8 000～10 000个芽头。外形芽叶整齐，形状扁直，肥嫩多毫，色泽金黄；内质汤色嫩黄，香气高，嫩香，味甘而醇，叶底嫩匀，嫩黄明亮。

（3）霍山黄芽

霍山黄芽产于安徽省霍山县。鲜叶采摘标准为一芽一叶、一芽二叶初展，外形芽叶细嫩多毫，色泽黄绿；内质汤色黄绿带金黄圈，香气高，带熟板栗香，滋味醇厚回甘，叶底嫩匀黄亮。霍山黄芽如图2—36所示。

图2—36 霍山黄芽

（4）北港毛尖

北港毛尖产于湖南省岳阳北港，鲜叶采摘标准为一芽二、三叶。品质特点是外形条索紧结重实卷曲，白毫显露，色泽金黄；内质汤色杏黄明澈，香气清高，滋味醇厚，耐冲泡，三、四次尚有余味。

（5）沩山毛尖

沩山毛尖产于湖南省宁乡市的沩山。其品质特征是外形叶边微卷成条块状，金毫显露，色泽黄亮油润；内质汤色橙黄明亮，有浓厚的松烟香，滋味甜醇爽口，叶底芽叶肥厚黄亮。

6. 黑茶产地及品质特征

黑茶分为压制黑茶和非压制黑茶，其中非压制黑茶中较具代表性且市场销量较大的主要有普洱茶，压制黑茶中较具代表性的主要有茯砖茶、沱茶、紧茶、青砖茶、康砖、金尖茶等。

（1）普洱茶

普洱茶产于云南省西双版纳、思茅、下关、勐海等地。其外形条索肥壮紧结，色泽乌褐或褐红，香气有独特的陈香，滋味陈醇，汤色红浓深厚，叶底肥嫩，黑褐或红褐。普洱生饼和普洱熟茶如图2—37和图2—38所示。

图 2—37　普洱生饼

图 2—38　普洱熟茶

（2）茯砖茶

茯砖茶产于湖南省安化、益阳、临湘等地。其外形为砖块形茶，根据原料老嫩度不同，分为特制茯砖（特茯）和普通茯砖（普茯）。色泽上，特茯为黑褐色，普茯为黄褐色，要求发花茂盛，颗粒大而呈金黄色；香气纯正带金花香，特茯滋味为醇尚浓，普茯为醇和；汤色橙黄，叶底黑褐粗老。茯砖茶如图 2—39 所示。

图 2—39　安化茯砖

（3）沱茶

沱茶主产于云南省下关等地，现重庆也有生产，但品质不如云南沱茶。沱茶形状为碗臼形，一般以云南晒青茶为原料，面茶白毫显露，色泽绿褐，香气纯浓，滋味醇浓，汤色橙黄明亮，叶底叶张肥软、黄亮。也有以普洱茶为原料

图 2—40 云南沱茶

生产的沱茶，称为普洱沱茶，外形也为碗臼形，色泽为褐红色，香气陈香，滋味陈醇甘滑，汤色红浓，叶底红褐或黑褐。云南沱茶如图2—40所示。

（4）紧茶

紧茶主产于云南省下关等地。其外形以砖块形为主，也有呈带柄心脏形即蘑菇形，色泽绿褐稍深，面茶稍显白毫，香气纯正，滋味醇和，汤色橙黄稍深，叶底肥软黄亮。云南紧茶金瓜如图2—41所示。

（5）青砖茶

图 2—41 云南紧茶金瓜

青砖茶主产于湖北省咸宁地区的赤壁、咸安、通山等市县。其外形为砖块形，色泽青褐，香气纯正无青气，滋味尚浓无青涩味，汤色橙黄，叶底粗老暗褐。

（6）康砖和金尖茶

康砖和金尖茶主产于四川雅安、乐山等地。两者加工方法相同，外形都为枕形，其中康砖茶规格比金尖茶小，原料品质比金尖茶高。两者外形色泽都为棕褐色，康砖茶香气纯正，滋味醇和，汤色橙红，叶底花杂较粗，金尖茶香气平和，滋味尚醇，汤色橙红稍浅，叶底暗褐粗老。康砖和金尖茶如图2—42和图2—43所示。

图 2—42　康砖

图 2—43　金尖茶

二、不同茶具的特色

1. 主要陶瓷器茶具的款式及特点

陶器上的款识，早在新石器时代就已出现，无论是陕西出土的仰韶文化类型的陶器，还是浙江良渚文化类型的陶器，以及青海、甘肃出土的陶器上，都有类似发现。当时尚无文字，陶器上多刻有符号，是为我国陶瓷款识的滥觞。

商周以后，逐渐出现了几种类型的款识，一是编号或记号；二是"左司空""大水""北司"等官署名；三是"安陆市亭""栎市"等作坊名；四是陶工名，如"伙""成""苍"等；五是地名，如"蓝田""宜阳"等；六是器物所有方的名字，如"北园吕氏缶"等；七是器物放置地名，如"宫厩""大厩"等；八是吉祥语，如"千秋万岁""万岁不败""金玉满堂"等；九是"大明成化年造"等国号；十是广告（招子）类，如"元和十四年（819年）四月一日造此罂价值壹千文"。唐代还有提阿拉伯文的水壶以及一批梵文瓷器。至于印有"福""寿"的民间窑产品，和"内府""官""御"的御窑、官窑标记，作坊名、姓氏，订制者的堂、斋名等，距今年代越近，款识也越多样化。宋代以后，紫砂陶茶具兴起，像供（龚）春，一开始就署了名款，用纪年和国号款的极为少见，吉祥用语只作为壶饰铭刻，这和瓷器具有明显的不同。但作为鉴别，瓷器和陶器虽都有相同的地方，在用釉书写以后，瓷器的款识又远比陶器要复杂。

一般来说，可从书法字体、字数、位置、款式、结构、内容，以及款的外线框（又分双圈、单圈、无圈、双边正方框等）加以辨识。字的排列方式有六字两行、三行款，四字两行及四字环形款等。民窑一般是无年款的。康熙时字体楷、行、篆并用不多，釉色也多。乾隆时多数不加圈框，特点是堂名多。嘉庆时出现图章式篆书款。咸丰时篆书减少，民窑篆书章盛行。同治时以青花、红彩或金彩楷书为多，民窑大多用印章式红彩篆书款。光绪以后多不加圈框了。

通过观察陶瓷器的款，还可以分辨茶具的真假。例如，日本出版的《世界陶瓷全集·宋代》一书中收有一张兔毫盏照片，外壁下部有"大宋显德年制"六字款。显德为五代时后周最后一个年号，赵匡胤在显德七年正月禅周建立宋王朝，当年改年号为建隆，当然不会再用前朝年号，更不会"大宋"与"显德"并用。古人对年号丝毫不马虎，再对比书写部位、字体、风格，足可证明这是一件拙劣的赝品。又如，明代永乐款字浑厚圆润、结构严谨，纪年款均为"永乐年制"的四字篆书和四字楷书，六字篆书多是仿制品。仿永乐的瓷器自明代嘉靖、万历就有了，一直仿至现在，但那书体再无真永乐时的圆润、柔和。再如，宣德年的"德"字，"心"上无一横，有者皆伪。正德年即仿宣德瓷款，但只要对比器形、胎釉等，便易区分。还如"大明正德年制"的"明"字其"日"与"月"上面是平行的，在德字的"心"上也无一横，"年"字上面一横最短，可以比较。康熙时茶具的仿制品也很多，珐琅器上凡书六个字的均系赝品。

对仿古做假的瓷器还可以从以下几个方面来鉴别。

（1）看造型

看器物的口、腹、底足、流、柄、系是否符合其时代特征，看整体造型风格，是粗矮、高瘦、饱满、修长等，各朝各代也都有特征，可据其特征加以辨识。

（2）看胎釉

从底足上的或口边露胎的缩釉处，可看出胎质特色。福建胎呈黑紫，吉州的呈米黄或黑中泛青。同是明代，早期的釉色白腻，釉面肥润，隐现橘皮凹凸和大小不等的釉泡，明末的就薄而亮。

（3）看工艺

成形、装烧、烧成气氛和燃料的不同，都会在器物表面上留下不同的特征。同是宋代，定窑烧成的器物口沿无釉，而汝窑采用支钉烧成，通体满釉，只在底部留下芝麻状支钉痕。

（4）看纹饰

元代青花布局繁密，多达七八层；到明初，则趋于疏朗。同样是最普遍的龙形，不但有三爪、四爪、五爪之分，龙的神气也各不一样。

（5）看彩料

同是青花，明初用的是"苏泥麻"青料，有黑疵斑点，是宣德青花的主要特征。明中期以后改江西产的"陂塘青"，以淡雅为特征。瓷器纹样表现的内容也从豪放变成恬静。

以上仅仅是鉴别的一种最普通的常识。当然不能仅仅凭款来断真伪，一定要结合实物从多方面加以辨别，才能得出正确的结论。

例如，在纹饰上，做假仿制者最缺乏用笔的自然流畅、挥洒自如的美感。古瓷釉色是静穆的，仿制品则有浮光（又称燥光、贼光）。仿制者虽想方设法要去掉浮光，他们采用酸浸、皮革打磨、茶水和碱同煮等方法，但总不能达到古瓷釉色那样的自然效果。我们还可以把彩瓷迎光斜视，彩的周围有一层淡淡的红色光泽（俗称"蛤蜊光"）者是百年以上器物。再就是掂在手上感觉，其重量是沉厚还是轻浮（俗称"手头"）等，作为鉴别条件。

从晋窑青瓷水注、越窑茶碗、唐代长沙铜官窑水注，到宋代青、白瓷水注和碗，建窑的天目茶碗、兔毫盏，吉州窑的玳瑁斑、油滴……多少精美茶具曾令古今爱茶者如痴如醉。同一种茶泡于不同的杯中会产生出不同茶味的意境，这也是古今的共识。现在，有不少茶人也自己捏壶、制壶，削竹做成各种茶具，乃至专门做一只茶桌。茶具的世界是很广阔的，"吃茶去"和"吃茶趣"永远没有句号。

2. 紫砂壶的主要制作名家及其特色

当手持一把产于我国江苏省宜兴市丁蜀镇的紫砂壶时，我们首先会认为它是茶具；然而我们手持一件瓷茶壶、茶碗、茶杯、托盘、茶叶罐的时候，我们头脑里总会先考虑它是哪个时期的哪类瓷。可见，紫砂壶于茶的专用特征远比瓷壶、瓷碗来得强。历史上对瓷器用途没有专门的要求，如唐代法门寺出土的瓷注，可以盛酒，也可以盛水来冲淡茶汤，又如今天饭店里用来装醋和酱油的小壶，也可以用来沏茶。瓷器的生产过程可以采用灌浆法成形，远比紫砂陶器的拍片法省时，加之釉色的多样、书写绘画也比紫砂的刻制省时，所以很少有资料指出古代瓷工的代表人物。而紫砂壶则有不少制壶名家的事迹流传至今。

（1）明代制壶名家

第一位紫砂壶名家是明代的供春，他是真正使紫砂壶名垂千古的人。供春是正德年间学使吴仕的书童，他陪伴主人在金沙寺读书期间，向寺里僧人学得制作紫砂壶的技艺。供春制作的茶壶色幽暗呈栗色，好似古金铁铸就，造型敦厚，尤为珍贵。由于年代的久远，供春壶传世品已极罕见，现藏于中国历史博物馆的"供春款树瘿壶"，被认为是供春之作。供春壶如图2—44所示。

图2—44 供春壶

供春之后，明嘉靖至隆庆年间同为制壶名家的有董翰、赵梁、元锡、时朋，号称"四名家"。四人均为制壶高手，作品罕见，因制作出的茶壶款式各异而被誉以"方非一式，圆不一相"。

董翰，字后溪，始制菱花式壶。

赵梁，所制多提梁式壶。

元锡，又作元畅、袁锡。

时朋，又作朋朋、时鹏。

同时代的李茂林（字养心）发明了"匣钵"法。将壶坯放入匣钵内烧制，使壶坯不染灰泪，烧出的壶表面洁净，无油泪釉斑，色泽均匀一致。这种方法至今仍在使用。李茂林善制小圆式壶，上有铢书记号。

"四名家"后继有人，号称"壶家妙手称三大"的时大彬、李仲芳、徐友泉随后声名鹊起。特别是时大彬，影响最为深远。

时大彬，时朋之子，号少山。其作品技艺水平超过其父。时大彬制的壶小巧玲珑，质朴古雅，色泽如栗。作品有的在陶土内掺钢砂；有的把旧壶捣碎为土，重制；遇有自己不满意的作品，立即击毁。最值得称道的是，他制的壶，壶盖与壶身吻合得十分紧密，只要把壶盖合上，稍稍旋动，然后提起，壶盖能吸住壶身，将全壶提起。相传，时大彬所制的"六合一家"壶，可分为底、盖、前、后、左、右六片，合在一起后注入茶水，茶水丝毫不会泄漏。这些神奇高超的技艺，前无古人，后无来者，堪称一绝。由于他认真继承前辈技艺，又能不断创新，而名噪一时，甚至在词曲中都提到过他的绝技，一般文士也以书斋内陈置大彬壶为荣。时大彬制的壶如图2—45所示。

图2—45 圈钮壶

李仲芳，李茂林之子，为时大彬门下第一高足。今所传大彬壶中，有仲芳代作、大彬署款的。

徐友泉，名士衡，原本不是陶家出身，后拜时大彬为师。吴梅鼎在《阳羡茗壶赋》中赞他："若夫综古今而合度，极变化以从心，技而近乎道者，其友泉徐子乎。"

（2）清代制壶名家

紫砂在明代异军突起，迅速成为茶具中的新贵，至清代则达到巅峰状态。清代紫砂名匠辈出，最著名的当属陈远、杨彭年、陈曼生等人。

陈远，字鸣远，号鹤峰，又号石霞山人、壶隐，清康熙年间紫砂艺人。他善于制壶、杯、瓶、盒，制壶技艺全面，善制各式壶。其壶款式、色泽精美，手法在徐友泉、沈子澈之间，款式、书法比徐友泉、沈子澈还好，有晋唐风格。他创作的瓜果壶很有特色，传世款式有"梅干壶""梨皮方壶""南瓜壶"等。其代表作有"四足方壶"等。他把树桩、梅花枝、花卉等搬到紫砂壶上，使紫砂壶富有自然意趣。但他的作品传下来的甚少，有"宫中艳说大彬壶，海外竞求鸣远碟"之誉。陈远制的壶如图2—46所示。

惠孟臣，生活在明末清初。他善于配制多种调砂泥。作品朱紫者多，白泥者少；小壶多，中壶少，大壶罕见。他所制紫砂壶大者浑朴，小者精妙。他所制壶式有圆有扁，有高身、平肩、梨形、鼓腹、圆腹、扇形等，尤以所制梨形壶最具影响，17世纪末还外销欧洲，对欧洲早期的制壶业影响很大。惠孟臣所造小壶大巧若拙，移人心目，以擅制小壶驰名于世，后世称为"孟臣壶"。这种小壶特别适合冲泡工夫茶，因而风靡南国。惠孟臣制的壶如图2—47和图2—48所示。

图 2—46　松桩

图 2—47　朱泥小壶

图 2—48　崇雅款

　　杨彭年，字二泉，清嘉庆年间紫砂壶艺人。乾隆时制壶多用模子，杨彭年制壶则用时大彬的捏造法，虽随意制成，但作品自有天然风致。杨彭年与其弟宝年、妹凤年同为制壶高手，所制壶精工细作，被人推为"当地杰作"。

　　陈曼生，以书法、篆刻著名，本非陶业中人。嘉庆二十一年去江苏溧阳做地方官时，与宜兴紫砂壶名家杨彭年结识。由陈曼生设计，杨彭年制作，再由陈曼生镌刻书画、题铭的作品称"曼生壶"。陈曼生所题壶铭，注意与壶形的切合，有独到之处。"曼生壶"造型简洁朴素，取材寓意深刻，铭文意境高远，书法配合得当，融砂壶、诗文、书画于一体，将紫砂艺术带入新的天地。传世之作有"梅雪壶""套环纽壶""半瓢壶"等。两人制的壶如图 2—49 所示。

图 2—49　三足乳鼎

紫砂工艺在清代形成了不同的风格和流派，总体工艺趋于精细。

（3）近现代制壶名家

近现代，顾景舟、蒋蓉等人承前启后，使紫砂壶的制作又有新的发展。现在，紫砂壶已成为人们的日常用品和珍贵的收藏品。1956年，江苏省人民政府任命了"七位技术辅导员"，即任淦庭、朱可心、裴石民、吴云根、王寅春、顾景舟、蒋蓉等，他们各怀绝技、精心创作、耐心辅导，不仅制作了大批美妙绝伦的紫砂作品，而且培养出了数以百计青年接班人。他们称得上是现代中国最早的紫砂"七大艺人"。

顾景舟（1915—1996），原名景州，江苏宜兴人，别称"武陵逸人""瘦萍"等。1988年4月，中华人民共和国轻工业部授予他"中国工艺美术大师"的光荣称号，他是紫砂历史上首位获得此光荣称号的艺术家。他为紫砂艺术的传承和发展做出了巨大贡献。是当代紫砂文化的集大成者，其作品让世人充分领略了紫砂之精神、气质、神韵，代表了一个时代的高峰。他被紫砂界公认为一代宗师、壶艺泰斗。顾景舟制的壶如图2—50 ～图2—53所示。

图 2—50　僧帽壶

图 2—51　宝菱壶

图 2—52　截盖石瓢

图 2—53　鹧鸪提梁

任淦庭（1888—1969），又名干庭，字窑硕，号聋人、石溪、漱石，江苏宜兴人，著名紫砂陶刻名家。任淦庭自幼喜爱书画，艺成后潜心钻研紫砂陶刻技艺，特别注重写意笔墨的线描变化，研究各体书法、文学诗词、辞章与短句，使陶刻装饰与紫砂艺术风格相互协调，为陶刻艺术增添了新的画面、新的内容。他的作品题材多样，具有雅俗共赏的民间艺术的特点与风格。其作品"婆媳上冬学""解放一江山岛"，记述时代事件风貌，具有鲜明的时代特征。"喜上眉梢""春燕画筒"将自己热爱生活的真切感受融进陶刻装饰之中。他尽心尽力，为培养紫砂陶刻后人做出较大贡献。当今紫砂陶刻界徐秀棠、谭泉海、毛国强、沈汉生、咸仲英、鲍仲梅等均受其技艺传授，得其教诲。任淦庭被尊称为陶刻泰斗、一代宗师。

吴云根（1892—1969），曾用名芝莱，江苏宜兴人。他 14 岁拜师学艺，1931 年受聘于江苏省立陶瓷职业学校窑业科任技师。在艺术成就方面，所谓壶如其人，吴云根的作品也显示出温厚稳重、朴雅润泽的气度。他技艺全面，擅长光货、花货、筋囊器等各类器型的创作，他最具代表性的作品"竹段提梁壶""线圆壶"等为传世经典。其他还有"线云壶""菱角茶具""龙胆壶""合菱""方竹提梁壶""柿子壶"等。1956 年，他被江苏省人民政府任命为紫砂"技术辅导员"，成为著名的"紫砂七大艺人"之一，为当今紫砂艺术界培养出了如高海庚、汪寅仙等极有影响的紫砂艺术大师和名家。吴云根制的壶如图 2—54 所示。

图 2—54　木瓜

王寅春（1897—1977），著名紫砂七老艺人之一，祖籍江苏镇江，父辈定居宜兴上袁村。13 岁时，拜师学习紫砂壶艺。王寅春从艺 60 多年，一生勤劳善思，创制了无数的紫砂精品。其作品具有强烈的个性，方器规矩挺括，敦厚朴实；筋纹器精妙大方。其代表作有"亚明四方壶""梅瓣壶""玉笠壶""六方菱花壶""寅春书词扁壶"等数十件精彩作品。他多次承制国家领导人出国礼品，被壶艺界尊称为一代大师。王寅春制的壶如图 2—55 所示。

图 2—55　六瓣梅

裴石民（1892—1976），原名裴云庆，又名裴德铭，宜兴蜀山人。1907年拜江案卿为师。20 世纪 20 年代之后享有"鸣远第二"之美誉。1955 年，他参加了蜀山陶业生产合作社，被江苏省人民政府任命为紫砂工艺技术辅导员，成为著名的"紫砂七大艺人"之一。他有"松段壶""南瓜壶""荷叶壶""五福蟠桃壶"等经典名作传世。裴石民制的壶如图 2—56 和图 2—57 所示。

朱可心（1904—1986），原名朱开长，艺名可心，生于宜兴蜀山。他 15 岁时拜紫砂艺人汪升义为师，一生中创作了数以百计的紫砂作品，其中许多作品成为现代紫砂史上的经典作品，如"云龙鼎""竹节鼎""报春壶""云龙壶""彩蝶壶""松鼠葡萄壶""松竹梅三友壶"等。1932 年，朱可心的作品"云龙鼎"获美国芝加哥博览会"特级优奖"。1959 年，他以合作社代表的身份参加北京故宫博物院举办的世界陶瓷展览。其作品"松鼠葡萄壶""松竹梅三友壶"被选入"中国工艺美术巡回展"出国展出，并获一等奖。他还培养出了一批如汪寅仙、潘春芳、许成权、李碧芳、曹婉芬、谢曼伦、王小龙、高丽君、范洪泉、倪顺生、李芹仙等在当代紫砂艺术界极有艺术成就的大师或紫砂艺术名家，为当今紫砂艺苑的繁荣发展起到极其重要的作用，被誉为壶艺泰斗、一代宗师。朱可心制的壶如图 2—58 所示。

图 2—57 松桩

图 2—56 紫泥盘泥调条壶

图 2—58 鱼化龙

蒋蓉（1919—2008），别号林凤，江苏省宜兴市人。她11岁随父亲蒋鸿泉学艺，是当代中国工艺美术大师，为紫砂艺术界著名的"七大老艺人"之一。也是其中唯一的女性，是一位德高望重的花货大师。其代表作品有 "莲花茶具""荷花壶""牡丹壶""芒果壶"等，并发表了《师法造化，博采众长》的紫砂专论。其代表作品"荸荠壶"被英国维多利亚与艾伯特博物馆收藏，代表作品"枇杷笔架"作为国宝被北京中南海紫光阁收藏。蒋蓉制的图如图2—59～图2—62所示。

图2—59 荷花套组

图2—60 荸荠壶

图2—61 蛤蟆柏树桩

图2—62 石榴树桩壶

近现代其他名家名壶如图2—63～图2—66所示。

图2—63 方升横把（徐达明）

图2—64 承露提梁（周学杰）

图2—65 子非鱼（吕尧臣、吕俊杰）

图2—66 天阙（吕俊杰）

3. 少数民族茶饮器具的特色

我国少数民族饮茶的器具极富特色。例如，佤族人民以新鲜的青竹为具，放入新采摘的青茶，置于火上烧烤后，再冲入开水饮用。又如，宁夏回族人民有喝盖碗茶的传统习俗。盖碗茶以茶具命名，盖碗俗称"盖碗子""盖碗盅"，一套完整的盖碗茶具由托盘、茶碗、碗盖三件组成。茶碗是用来冲泡茶水的，底小口大，外沿略向外张开；托盘是用来托茶碗的，又称"茶托""茶船"；碗盖略小于碗口，可严密地扣在茶碗中，且能保温保味，使泡出来的茶不走味儿。茶具上绘有山水相间的图案或阿拉伯文，一般不绘人和动物图像。整套茶具精巧玲珑，清雅素净，极具欣赏价值。回族人民一般喜欢用宁夏石嘴山出产的质地细白的陶瓷茶具，用这种盖碗茶具泡出来的茶，茶味纯正，色鲜甘爽，富有回味。这些风格各异的茶具与各少数民族的饮茶风俗相关，别具一格，以下仅简要介绍藏族、维吾尔族、蒙古族和布朗族的茶饮器具。

（1）藏族茶饮器具

藏族同胞喝茶的茶具是一种用木头雕刻的小碗，称"贡碗"。"贡碗"上刻有不同的花纹，或有不同颜色，显示喝茶者身份的高低之别。藏族人民在家中喝茶的"贡碗"是固定不变的，各人用各人的，出门时，也会随身携带。到别家帐篷中做客，拿自己的碗请主人倒茶是正常的事，不会被认为是失礼或可笑。木碗花纹细腻，造型美观，耐久实用，具有散热慢的特点。

藏族饮用酥油茶的历史悠久。相传文成公主创制了奶酪和酥油，并以酥油茶待客。制作时，将砖茶捣碎，放入锅内，加水煮沸，熬成茶汁后，倒入木制或铜制的茶桶内，然后加适量的酥油和少量鲜乳，搅拌成乳状即成。饮用时倒入锅内或茶壶内，放在火炉上烧热、保温。想喝时倒上一碗，随饮随取，十分方便。也可以与糌粑混合成团，与茶共饮。酥油茶清香可口，不能一口喝完。如果不喜欢喝，也可不喝。但是如果喝了一半不想喝了，要等主人添满，放在一边，告辞时再一饮而尽，这才不至于失礼。

藏族奶茶也是藏族人民用于待客以及日常饮用的饮料。每当有客到时，主人就会往古色古香的铜壶里添上大半壶水，架在火炉上烧开。将茯砖茶打碎后放入壶内熬煮 10 min 左右，再加适量的食盐和鲜牛奶煮沸就可饮用了。奶茶味道鲜美可口，能醒脑提神、消乏解困、生津止渴、消食化腻、滋润喉咙。主人待客时，将奶茶倒入碗中，用盘托送给众位宾客，其间还要不断地为宾客添茶，直到宾客喝够为止。日常饮用时，则一日三餐均饮，边饮边吃糌粑、炒面和麻花等食品。

藏族茶饮器具如图 2—67 所示。

图 2—67　藏族茶饮器具

（2）维吾尔族茶饮器具

北疆的维吾尔族多用铝锅烹煮奶茶，用大茶碗喝奶茶，南疆的维吾尔族则喜欢用铜制或陶瓷、搪瓷、铝制的长颈茶壶烹煮清茶，喝茶用的茶碗较小。一些富裕的人家使用的是一种叫"萨马瓦尔"的精致铜或钢茶具。

（3）蒙古族茶饮器具

蒙古族使用的茶具带有浓郁的民族特色。他们的茶碗是木制的，称"翠花碗"，用桦树根旋挖成碗形，再包镶以银片。还有用纯银制作的茶碗，明光锃亮，制作精细，内外都刻有传统图案，独具匠心。茶壶多为铝制品或铜制品，造型各异，形状有圆形的、椭圆形的、六边形的、四边形的，容积较大，不但结实耐用，而且制作讲究，有的甚至堪称精巧的民间工艺品。

蒙古族盛装奶茶通常会使用一种高筒茶壶，蒙语称"温都鲁"，意为高的。温都鲁一般用桦木制成，圆锥形，壶口半圆形，高约 60 cm，带把。壶身上有 4 ～ 5 道金属箍，箍上刻有各色花纹。

（4）布朗族茶饮器具

居住在云南勐海县巴达乡茶树王所在地的布朗族人喜饮"青竹茶"。煮饮时要用新砍的长短不一的香竹作煮茶和饮茶的工具。长的有一尺（1 尺 = 0.33 m）多，煮茶用；短的只有几寸（1 寸 = 3.33 cm），底部很细很尖，插在地上，饮茶用。先将装满泉水的长竹筒放在火堆旁烘烤至沸腾，再加上大叶茶，煮 5 ～ 6 min 后，将茶水倒入短竹筒内送给众人饮用。这种茶多在远离村寨的原始森林野餐时饮用。山泉水、鲜竹的清香与茶的香味融为一体，滋味香浓爽口，尤其适宜在吃过竹筒饭和烤肉后饮用。被誉为孔雀之乡的德宏州阿昌族也喜饮"青竹茶"。

4. 调饮茶的基本用具与特色

冰茶调饮的主要用具有盛茶用的玻璃杯、带夹的冰块缸、带匙的糖缸、冷却壶、有胆的滤壶、开水壶等。

红茶调饮的茶具除烧水壶、泡茶壶外，盛茶杯多用带柄带托瓷杯。

一般的调饮茶用具有去盖的盖碗、配料缸（带匙）、茶叶罐、插茶匙及箸的箸筒、茶巾盘、赏茶盘、箸架、开水壶等。

除了一些泡茶必备的器具如茶叶罐、开水壶、茶匙筒之外，调饮茶的茶具多为玻璃制或瓷制，如玻璃杯、盖碗等。此外，还增添了一些盛放调饮配料的器具，如冰块缸、糖缸（配料缸）。这些器具又都配有专门的取料器具，如夹冰块的夹子、糖匙等。

第2节　茶艺演示

一、风味茶饮

1. 潮汕工夫茶

中国工夫茶茶艺按照地区民俗可分为潮汕、台湾、闽南和武夷山四大流派。至于为什么把乌龙茶茶艺称为"工夫茶"也有不同的说法，有的说是因为乌龙茶的制作工序复杂，制茶时极费工夫；有的说是因为乌龙茶须细啜慢饮，冲泡时也颇费工夫；有的说乌龙最难泡出水平，泡茶最讲究要有"真功夫"。在四大流派中，潮汕工夫茶最古色古香，堪称中国茶道的"活化石"。

（1）潮汕工夫茶茶艺器具的选择

传统的潮汕工夫茶必须"四宝"齐备。一是"玉书碨"（见图2—68），玉书碨是闽南人、广东人、台湾人对陶制水壶的叫法，以潮安枫溪所产的最为著名。这种碨一般为扁形，能容水四两，有极好的耐冷热急变性能，水一烧开，在蒸汽推动下，小壶盖会自动掀动，发出"噗、噗、噗"的响声，十分有趣。二是潮汕炉（见图2—69），一般为红泥烧制的小火炉。三是孟臣罐（见图2—70），以宜兴出产的紫砂壶最为名贵。惠孟臣是明末清初制壶名匠，善制小壶，所以后人把精美的紫砂小壶称为孟臣壶或孟臣罐。四是若琛杯（见图2—71），即精细的白色瓷杯，以景德镇的产品为佳。

图 2—68　玉书碾

图 2—69　潮汕炉

图 2—70　孟臣罐

图 2—71　若琛杯

（2）潮汕工夫茶茶艺演示的基本程序

1）列器备茶。列器即有序地将整套茶具陈列在茶桌上，整套的工夫茶茶具除了"四宝"之外，还应当有一个倾倒洗壶、洗杯余水的茶池。一个盛放茶杯的杯盘，一个盛放茶壶的茶船和一个储备茶汤的茶盅及几条茶巾。列器如图2—72所示。

备茶是指选择待客用茶。泡工夫茶必须选用乌龙茶。如果想要喝出地地道道的潮州风情，最好能选用潮州产的"凤凰单枞"或潮州市饶平县产的"岭头单枞"。备茶如图2—73所示。

图 2—72　列器

图 2—73　备茶

2）煮水候汤。列器备茶后，泡茶者宜静气凝神端坐。右边大腿上放一块包壶用巾，左边大腿上放一块擦杯白巾，然后点火煮水候汤。

3）烫壶温盅。将开水冲入空壶（孟臣罐）中，待其表面水分蒸发后再把茶壶中的水注入茶盅（公道杯）内。茶盅里的热水不要马上倒掉，应留着温盅洗杯。烫壶如图 2—74 所示。

4）烫杯、洗杯。用茶盅里的热水把茶杯当着宾客的面再洗一次，以示尊敬。如图 2—75 和图 2—76 所示。

5）干壶置茶。泡潮汕工夫茶用干温润法，即将茶放进干热的茶壶中烘温。干壶时先持壶把，口朝下，在右腿的包壶用巾上拍打，水滴尽后再放松手腕轻轻甩壶到壶干为止。潮式置茶是以手抓茶放进茶壶（或用手抓茶至白纸上，再倒入壶中），靠手的感觉来判断茶的干燥程度，以定烘茶的时间长短。置茶多少应视宾客而定，一般要置到壶的七八成满。置茶如图 2—77 所示。

图2—74 烫壶

图2—75 烫杯

图2—76 洗杯

图2—77 置茶

6）烘茶冲点。烘茶不是用火烤茶，而是用沸水浇淋茶壶，靠水温来烘茶。烘茶能使茶的陈味、霉味散尽，香气上扬且有新鲜感。烘茶后把茶壶提起，用力摇动，使壶内的茶均匀升温，然后放进壶盘中冲入开水。高冲水是潮汕工夫茶的要诀之一，通过高冲水使茶叶在壶内旋转，有利于滋味迅速溢出。烘茶冲点如图2—78和图2—79所示。

7）刮顶淋眉。高冲水时必然会冲起一层白色的泡沫，用壶盖轻轻刮去泡沫称为"刮顶"，刮顶后盖好壶盖，再向壶上浇淋开水称为"淋眉"。淋眉是为了进一步加温，这样能充分逼出茶香。刮顶淋眉如图2—80图2—81所示。

8）摇壶低斟。淋眉后把壶置于桌面的茶巾上，按住气孔，快速左右摇晃。

图 2—78 烘茶

图 2—79 冲点

图 2—80 刮顶

图 2—81 淋眉

第一泡一般摇 4～6 下，以后各泡顺序递减 1～2 下，旨在使每一泡的茶汤浸出物均等。潮汕人称斟茶为"洒茶"，潮汕工夫茶讲究将茶水低斟到各个小茶杯中去。倒茶时壶中的茶汤一定要倒干净，防止浸坏了茶。亦可从孟臣罐中先将茶水倒入公道杯，然后再向小茶杯中"洒茶"。低斟如图 2—82 所示。

图 2—82 低斟

9）品香审韵。将泡好的茶敬奉给宾客后即可品香审韵。品潮汕工夫茶端起茶杯须先闻香，所谓"未尝甘露味，先闻圣妙香"。"品"字三个"口"，一般品茶也分成三口。潮汕泡法允许茶汤入口时苦，但绝不可涩。上等的茶汤入口一碰舌尖，会感觉到有一股茶气往喉头扩散开来，过喉后感觉到爽快异常，后韵连绵不绝，回甘强烈而明显，潮汕人称这种好茶为"有肉"的茶，因此，在潮州品茶称为"吃茶"。老茶客"吃茶"一般口中"嗒、嗒"有声，并连声赞好，以示谢意。

潮汕人泡茶不鼓励泡完一壶茶立刻再泡第二壶，说是不可"重水"。一般在品了头道茶后可上一些有特色的点心，同时重新煮水，边吃点心边等水开后再泡第二泡。

10）涤器撤器。潮汕工夫茶以三泡为止，要求三泡茶的茶汤必须浓淡一致，所以主泡人在整个泡茶过程中注意力应高度集中，绝不可分神。品完三泡茶后，宾客可尽杯谢茶，主人亦可涤器撤器。

2. 香港茶艺

香港喝茶风气很盛，全香港有茶叶商行 200 多家，兼营泡茶业务的茶楼、酒楼，则星罗棋布，多至千家。

香港人早上起来，漱洗完毕，就是饮茶。朋友见面时的问候语也是"饮茶了吗"。走到街头，举目一望，到处可见"茶"字招牌。茶楼、茶室、茶庄、茶行比比皆是。但香港人所说的饮茶，不是纯"喝茶"，而是边喝茶边吃点心，往往是当正餐。走进茶楼酒家，先送上一壶茶，随后才是点心。香港人常说饮茶是一盅两件，就是说饮茶要配合吃少量的食物，才符合健康原则，因空腹喝茶，有损肠胃。香港人习惯阖家或邀三五知己上茶楼品茶、进食，以增添生活情趣，或方便议事叙谊。

正式宴会也少不了茶，当人们赴宴坐定后，首先奉上的就是一杯香茶。饭后，茶自然又是消食和解腻的最好饮品。

至于小壶泡茶，优雅品茗的现代茶艺风气，肇始于 1989 年左右。当代茶坊与一般茶楼、酒楼以茶佐饭的经营方式不同，讲究的是喝茶的艺术和情趣。香港茶艺基本程序如下。

（1）备器

在泡茶的几桌上置放应用的茶具，讲究情调的人可以搭配淡雅的瓶花，以及播放传统丝竹管弦。

（2）煮水

将洁净清水煮至微温，然后放在茗炉上继续烹煮。

（3）备茶

准备适量的茶叶，可先让品茗者欣赏。

（4）烫壶

用烫沸的水注入泡茶器（茶壶或茶盏），这主要是为了提高泡茶器的温度，以免影响后续泡茶时的水温。另外，高温可将茶叶在存放时吸染的异味挥发掉。

（5）置茶

将适量茶叶置放于泡茶器中，茶叶如果在泡茶器中分布不均匀，可以轻轻拍数下泡茶器。

（6）初泡

注水至泡茶器中，如水温过高，可以先注入茶海降温，再由茶海注入泡茶器中，浸泡数秒即将茶汤注入茶海，然后分注杯中。这一泡也称为"温润泡""润杯泡"，目的是先让茶叶吸收水分和温度，并且将存放时吸染的异味挥发出来。将杯中的茶汤倒进水盂中。

（7）润壶

如果用茶壶泡茶则可以将茶汤倒在壶的外壁，年深日久，茶壶的颜色和光泽会变得古雅厚润。

（8）赏香

可以让宾客欣赏一下杯中的余香。

（9）正泡

正泡可重复初泡的程序，浸泡时间一般要加长，时间为 30 ～ 60 s，因茶而异，因各人口味而异，没有硬性规定。

（10）分茶

分茶要求各杯分量相等，而且不能太满，约八成满为宜，这样宾客才会拿得舒服自然。

（11）品茗

品茗要先观颜色，再闻香气，然后才送进口里，细细品尝，自然领略到其中真趣。

3. 澳门茶艺

在澳门街头坐落着各式著名的饮茶的茶楼、酒家。澳门的茶楼，每天清晨6 时就茶客盈门，男女老少，边品茗边吃点心。这些甜咸口味兼有的精美粤式点心，不仅是茶楼、酒家招徕宾客的绝招，也是澳门人生活上的一种美好享受。澳门人喜欢饮普洱茶、乌龙茶和红茶，一般茶楼就是壶盅式供茶，一壶香茗，人手一盅，边饮边续水，热闹非凡。

最近十几年，澳门也兴起小壶品茗的茶艺之风。

4. 台湾茶艺

台湾的饮茶习俗源于闽粤，近几十年来发展很快，特别是在茶具的更新换代上更是穷工极巧，不断花样翻新，异彩纷呈。在工夫茶茶艺上也不断创新，在继承传统工夫茶基本理念的基础上衍生出了众多的流派。以下介绍"吃茶流"工夫茶茶艺和台湾陆羽茶艺中心的工夫茶茶艺。

（1）"吃茶流"工夫茶茶艺

1）"吃茶流"的主要精神。"吃茶流"将泡茶视为一种艺术，崇尚茶禅相融，在茶艺精神中结合禅的哲理。"吃茶"取自于赵州从谂禅师有名的"吃茶去"公案。吃字包含了一个人的生活方式及其人生观，以能够全心全意地坐着的那颗心才是真正吃茶的心。而"吃茶流"的主要精神在于从序、静、省、净中去追求茶禅一味的理想境界。

①序。序是指修习茶艺要注重顺序，做好充分的准备工作。摆设茶具时要依次放置，泡茶的步骤讲求井然有序，要做到心中有数，使自己不论做什么，思想都能周详而统一，有序而不乱。

②静。静是指在泡茶吃茶时要寂静无杂音，这是基本的要求。从控制自己的情绪中可以看出一个茶人的涵养。要从举止的宁静，达到心情的宁静，在寂静中展现美感。

③省。省是指自我反省，这也是修习茶道的要点。茶人应经常反省自己学习的态度是否虔诚，茶的内质是否已发挥到极致，进行茶事时内心是否力求完美，是否把茶道的精神落实到日常生活态度中。

④净。净是指通过修习茶艺来净化心灵，培养淡泊的人生观。

2）"吃茶流"工夫茶茶艺的基本程序。"吃茶流"要求茶人应在泡茶的过程中融入自身情感，开始时必须有基本程序，从扎实地做好每一个细节，到不被形式所拘泥，达到自由，在熟悉技法中展示优雅，从而形成泡茶者个人独特的风格，在超然技法中表现出自我。

①选择茶具。茶具的选择以能发挥所泡茶叶之特性且简便适手为主。"吃茶流"采取小壶泡法，一般会选择一把精巧的与宾客人数相适应的紫砂壶，然后配以"对杯"（一个闻香杯与一个品茗杯为一对）和其他茶具（如茶海、茶则等）。

②温壶与温茶海。用开水浇烫紫砂壶和茶海（亦可称为公道杯或海壶），借以再次清洗器皿并提高茶壶和茶海的温度，为温润泡做好准备，如图2—83所示。

a)　　　　　　　　　　　　　　b)

图 2—83　温壶与温茶海
a）温壶　b）温茶海

　　③取茶与赏茶。取茶时茶则（茶匙）不宜伤到茶叶或发出噪声，如图 2—84 所示。取出茶后通过赏茶来观察干茶的外形，以了解茶性和决定置茶的分量，如图 2—85 所示。

图 2—84　取茶

图 2—85　赏茶

④置茶与摇茶。置茶即把茶则中的茶叶放进壶中。盖上壶盖后要双手捧壶并连续轻轻地前后摇晃三四下，以促进茶香散发，并使开泡后茶质易于释出。置茶如图2—86所示。

⑤闻汤前香。闻经摇壶后干茶的茶香是一种愉悦的享受，通过闻汤前香有助于进一步了解茶性，如烘焙的火工、茶的新陈等。

⑥温润泡。注入适当温度的水入壶后，短时间内即将水倒出，茶叶在吸收一定水分后即会呈现舒展状态，有利于冲第一道茶汤时香气与滋味的散发。温润泡如图2—87所示。

图2—86 置茶

图2—87 温润泡

⑦烫杯。预热茶杯，以利于茶汤香气的散发。烫杯如图2—88所示。

⑧淋壶与冲第一泡。为了提升茶壶的温度，应用开水先淋壶，再冲第一泡茶。冲第一泡如图2—89所示。

图2—88 烫杯

图2—89 冲第一泡

⑨浇壶与干壶。第一泡茶的水冲满后，盖上壶盖，为了使茶壶的温度里外一致，需沿着茶壶外围再浇淋一些开水。浇壶后第一泡茶的茶汤什么时候倒出，应视茶叶的性质和置入的茶量凭经验灵活掌握。在提壶斟茶之前，应将壶放在茶巾上，擦干壶底部的水后再斟茶。浇壶如图 2—90 所示。

图 2—90　浇壶

⑩投汤。投汤又称斟茶，投汤有两种方式。一是先将茶汤倒入茶海（公道杯），然后用茶海向各个茶杯均匀斟茶。这种斟法使各杯的茶汤浓淡均匀，且没有茶渣。二是用泡壶直接向杯中斟茶，这种斟法的优点是茶香不致散失太多，茶汤较热，适于爱喝"烧茶"的茶人，但各杯茶汤的浓淡不易做到完全均匀一致。投汤如图 2—91 所示。

图 2—91　投汤

"吃茶流"小壶泡法理念清晰，动作简捷，较易掌握。

（2）陆羽茶艺中心工夫茶茶艺

1）陆羽茶艺中心场景布置以一部泡茶专用的茶车为中心，左边是助手的位置，以茶车的左端为茶几。茶车的左右前方各安排两个座位，两个座位的中间各放一张茶几。泡茶座位的后面放着一座陈列架，上面放置有盆景及数把茶壶与一些有关的茶具。

2）陆羽茶艺中心工夫茶茶艺的基本程序

①预备。把茶车与操作台上的茶具从静态的位置转换成动态的位置。也就是把茶盅搬到茶船的前方，将倒扣的杯子依内转方向，从右上角开始，逐个翻过来，并将杯身拿到茶船前，从左到右排成一列，再把茶巾拿到壶具组的下方。

②备水。检查一下水壶，添加足够的水。当将水壶放在操作台左边时，水瓶应该是在右手可及的地方。右手将茶盅往前移，左手将水壶放在茶盅原来放置的地方。右手拿起水瓶，左手打开盖子，若是分离式的盖子，把它拿起来放在桌上。左手提好水瓶，免得水开后滚出壶外。将水瓶复位，水壶放回原来的地方。

接着要注意水温的调节，预计稍后泡茶所需的温度，不足，加温，温度已够，则不用加温。

③赏茶。将茶叶罐取出，左手持罐，右手将盖子打开，放在茶艺用品组下端偏右的地方，接着右手将罐子接过来，放在盖子的左边。右手将茶荷拿到胸前，交给左手，右手拿茶叶罐将适量的茶叶倒入茶荷内。如属不易倒出的茶叶，则右手从茶艺用品组拿起茶荷后，直接放在胸前的操作台上，右手拿茶叶罐交给左手，右手取茶匙，以茶匙的尾端将茶叶拨到茶荷内。

将茶叶罐放到一边，不急着合盖子。然后双手捧着茶荷"识茶"。了解了茶况之后，将茶荷放在水壶的右边，助手从主泡者后面走过来，捧着茶荷走到右边第一位宾客稍为靠近茶几的地方，将茶荷放在茶几稍微靠近首座处，向着第一位宾客，也看一下第二位宾客，边说"请赏茶"，然后从主泡者的后面走回座位。主泡者先向着主客，再看着其他的宾客，就茶的名称、产地、季节、典故稍作说明。

④闻香。主泡者开始将茶壶温热，控制在茶荷传回来之时，将温壶的水倒入盅内。主泡者持茶荷将茶叶倒入壶内，判断一下茶量是否恰当，太少，再补一些；太多，可以倒回去，这时茶叶罐还是打开着，确定置好了茶，将壶盖盖上，把茶叶罐收起来。收茶叶罐的时候，用右手将茶叶罐交给左手，右手再盖上盖子，然后视茶叶罐放置的地方，以右手或左手将之收妥。收罐的时候，可以告诉宾客，等一下要请大家欣赏一下茶叶冲泡之前的香气。

大约1min以后，打开壶盖，闻香，将盖子盖上，然后请助手送给宾客欣赏。递交的时候，将茶壶放在茶艺用品组的右边桌上，壶嘴朝前，助手从主泡者的后方移到右侧，右手提着壶，左手在壶的左下方定位。注意壶身很烫，可以不必握壶，让左手手指倚在右手上。将壶放在桌上靠近自己，壶嘴朝前，然后换左手提壶，放在主客旁边的茶几上，壶嘴朝宾客的左方，说声"请闻香"。这时宾客可以很容易地用右手提壶，左手打开壶盖闻香。助手送完了茶壶，回到座位上。主客提壶之前，先礼让邻座，然后取壶闻香，闻过后，右手将壶放下，壶嘴朝前，换左手把壶摆在靠近对方的一边，让壶嘴朝向对方的左边。第二位宾客闻香完毕，应将茶壶送给第三位宾客，方法如同助手送给主客一般。第三位宾客闻香之前，可将壶内的茶叶翻震一下，使削弱的茶香再度挥发。第三位宾客闻香之后，将茶壶传给第四位宾客，第四位宾客仍然可以将茶叶震一下。第四位宾客闻完，将壶传给助手，助手依然震壶闻香，然后将壶送回主泡者的茶船上。方法是从主泡者的后方移到主泡者的右边，直接以右手将壶放在茶船上面。

茶壶送回后，主泡者右手提壶盖，左手持水壶冲水，将满即可，将壶盖盖上，水壶放回座上，右手按下计时器开始计时。

⑤烫杯与倒茶。利用茶叶在壶内浸泡的时间，以茶盅内的热水将杯子烫热。待茶汤浸泡到适当的温度，将茶盅内剩下的热水倒掉，提起茶壶，擦干壶底，将茶汤倒进盅内。倒的时候，壶嘴离盅口不要超过3 cm，以免发出声音，温度、香气也免得散发。

随后将烫杯的水逐杯倒掉，擦干杯底并放回茶盘的杯托上，持茶盘将茶倒进杯内，每杯八成满。

⑥奉茶。将茶盘端到右边桌上，站起来，端着茶杯盘，送到主客的正前方说"请喝茶"。然后移步第二位，"请喝茶"，第三位、第四位敬完后，回到自己的座位上，将茶盘放回原位，坐下端起最后的一杯，也可以采用先取的方式。

⑦第二泡。主泡者看大家已喝完第一泡，就再冲泡第二道。以茶盘托着茶盅与茶巾，放在茶艺用品组的右边，助手从主泡者的后方移步到右边，端起茶盘，前去奉茶。主泡者给自己杯子斟茶时，要回到座位上，面向宾客才倒。助手给客人奉茶完毕，要端着盘子，从主泡者的后面走到右边，用右手将茶盘放回原位。

⑧供应茶食。喝完第二道，助手从工作间以托盘端出两人一份的茶食巾，依照奉茶的次序，先右后左放在茶几中间靠近里面的地方，最后在主泡者与助手之间也放上一份。然后再入内端出茶食，也是将两人一份的四色茶食盛在一个托盘上，从右到左，分别端放在茶几中间偏外的地方。宾客不必等茶食全部送齐，就可先行使用，主泡者在茶食送完后也可以主动招呼宾客取用，并说明一下茶食的名称与做法。

⑨看叶底。接下来要让宾客欣赏一下茶叶泡开以后的情形。把壶内的茶叶掏到茶船上，以右手拿到茶艺用品组的右边，助手双手捧着送到右边的茶几，放在靠近主客的一边，先向主客行礼，再看一下邻座，说声"请看叶底"。宾客依序传看茶叶。

⑩换茶。叶底传回来后，有秩序地将壶具清理干净，把宾客座位上的茶杯收回，换上一组适合接下来冲泡茶叶的茶具。

5. 擂茶茶艺

（1）擂茶简介

擂茶，又名"三生汤"，主要流行于我国南方客家人聚居地。客家人作为我国汉族族群分支之一，分布在我国广东、湖南、湖北、江西、福建、广西、四川、贵州、台湾、香港、澳门等地，人口总数 8 000 万人。擂茶是客家人的传统饮茶习俗，以茶叶、生姜、生米仁为主要原料研磨配制后，加水烹煮而成，不仅味浓色佳，而且能提神除腻、清心明目、健脾养胃、滋补益寿。擂茶对客家人来说既是解渴的饮料，又是健身的良药。

（2）各种擂茶的特色

客家分布区域很广，根据他们所处地区的不同，可将擂茶分为桃江擂茶、桃花源擂茶、安化擂茶、临川擂茶、将乐擂茶等。各种擂茶除"三生"原料外，其他作料都各不相同，有加花生的、玉米的，还有加白糖或食盐的，下面分别介绍。

1）桃江擂茶。桃江擂茶是湖南桃江人饮用的饮料。每当盛夏酷暑，村民们就把花生、芝麻、绿豆和茶叶混合在一起调成糊状，用凉开水冲泡着喝。这种风俗直到今天还在当地流传，不仅是桃江人的日常饮料，还是桃江人待客的佳品。

2）桃花源擂茶。桃花源擂茶流行于湖南常德桃花源一带。当地人喜欢把生姜、生米、生茶叶放入擂钵内，用芳香的山楂木杖来擂茶。将钵内物擂碎后，倒入开水调匀，就做成了桃花源擂茶。桃花源地区与桃江地区相距不远，所饮的擂茶也十分相似，差别仅在于桃花源擂茶为咸饮，桃江擂茶为甜饮。桃花源擂茶色泽黄白，清凉解渴，是夏日消暑的极佳饮品。

3）安化擂茶。安化擂茶是湖南安化饮茶习俗。安化县与桃江和桃花源近在咫尺，但是擂茶的制作方法与风味却迥然不同。安化擂茶的制作方法稍显复杂。原料有：花生米、绿豆、黄豆、玉米、南瓜子、大米、茶叶。制作时要先把这些全部炒熟，再放入擂钵，加入生姜、胡椒、盐巴等作料，用擂棒捣成粉状。用铁锅烧好一锅水，将捣成的粉状配料徐徐倒入锅中，边煮边搅拌均匀，片刻后熬成糊状，不能过稀也不能过稠，直到嘴喝得动为止。这种擂茶，香中带咸，稀中有硬，每碗中有喝的、有嚼的，可当粥食，经饱耐饿。

4）临川擂茶。临川擂茶流行于江西临川一带。当地人把茶叶、芝麻、胡椒、糯米、食盐拌在一起置于擂钵中捣碎，冲入开水饮用。

5）将乐擂茶。将乐擂茶是福建省将乐县的饮茶习俗。制作时，将绿茶、白芝麻、花生仁等置于擂钵中，手摇擂棍在钵中来回旋转，研成碎泥状，再用捞瓢捞起，放在白纱布上过滤，片刻后将滤过的碎泥状配料倒进瓷壶中，往壶内注入滚沸开水，盖上壶盖闷 3～5 min 就做成了茶汁似乳、香浓味甘的擂茶。制成后要趁热饮用，令人口舌生津、心爽神清。夏季在配料中加入一些淡竹叶和金银花，可清热解暑，秋、冬季加入陈皮等中草药可祛寒暖胃。

6. 姜盐豆子茶

姜盐豆子茶流行于湖南洞庭湖一带，又称"六合茶"，因用姜、盐、黄豆、芝麻、茶叶和开水六物混合而成，故得此名。其制法是将炒黄豆、擂生姜、少量食盐、芝麻、茶叶放在一起，用水冲泡。如单以芝麻和茶叶冲泡，称为"芝麻茶"；单以生姜加茶叶冲泡，称为"姜茶"；单以花生加茶叶冲泡，称为"花生茶"；单以黄豆加茶叶冲泡，称为"豆子茶"。

7. 咸茶

浙江德清一带流行饮一种咸茶。做法是先用竹瓦罐煮水，水开后用沸水冲泡茶叶。茶叶要新干细嫩。用事先腌过的橙子皮拌黑芝麻一起放入茶汤内，再用竹筷夹着当地特产，如青豆或笋干、橙子皮、谷芝麻等十多种作料放入茶汤中，冲泡完毕，趁热品饮。可边喝边加水，直到味淡香尽时止。最后连茶带作料一起吃掉。此茶口味鲜浓，带咸味，是上好的饮品。

8. 罐罐茶

罐罐茶有面罐茶和油炒茶两种。

（1）面罐茶

面罐茶一般事先要准备好作料，将核桃、豆腐、鸡蛋、腊肉、黄豆、粉条、花生、油炒酥食等原料切成碎丁，分别用油加五香调料炒好备用。再用一个高约 15 cm、直径 12 cm 左右的大罐来熬面浆，在罐中注入 2/3 左右的水，加适量食盐及葱、姜、茴香、花椒、藿香等香料入内，放在火上烧煮，水沸后，把用凉水调成的面浆对入，边对边搅动，煮熟后放在一边待用。接着取出一个稍小一点的罐（大约高 12 cm、直径 10 cm）用来煮茶，把茶放入罐内，一般是带有梗秆的粗老晒春茶或紧压茶。加水煮沸，茶汁充分煮出来后，将茶汁倒入刚才熬面浆的面罐内，搅拌均匀后倒入小碗内饮用。饮时加入刚才备用的作料。由于作料的相对密度不同，会在面茶中悬浮成上、中、下三层，因而有"三层楼"之称。

（2）油炒茶

用来烧油炒茶的瓦罐只有拳头般大小，古朴可爱。敬茶用的茶盅也是小巧精美的"牛眼"茶盅。茶罐要先放在火塘边烤热，再加入一小勺猪油或茶油烧开，挪出火塘放在一边稍凉片刻后加入一小勺白面，同时将一枚香杏仁或一瓢核桃仁捣碎加入罐中。再次将罐移入火塘，上下左右翻炒，炒好后再添油烧热。此时可将上等细嫩茶叶放入，加适量食盐再次翻炒，直至茶香溢出，加水煮沸斟入茶盅。油炒茶香气高爽，汤色红艳，提人精神，别具一番风味。

二、少数民族茶饮的特色

1. 白族三道茶

生活在美丽的苍山洱海的白族同胞，对饮茶非常讲究，在不同场合有不同的饮茶方式。最有影响的是接待宾客时的三道茶，也称三味茶。

一般来说，头道茶以土罐烘烤的绿茶泡制而成，味道香苦；第二道茶以红糖和牛奶制作的乳扇冲开水，味道甘甜；第三道茶是用蜂蜜泡开水，味道醇甜。因开始时喝的是苦茶，喝了第二、第三道茶以后，嘴里有甜、苦、香混合的舒适感，故有三道茶一苦二甜三回味的说法。云南"云苑苑"民族茶饮表演队把现实生活中的茶饮发展为一种表演型的高层次的"三道茶"，迎合宾客心理，赋予了每道茶不同含义：第一道甜茶，表示欢迎之意；第二道苦茶，交流思想感情，增进了解；第三道米花茶，宾主相互祝愿美好，主人的盛情，使宾客流连忘返。在第三道茶里，配料减少花椒、乳扇，保留茶水、蜜糖、姜丝、核桃仁、米花等。

各民族的饮茶习俗，存在着同名而实际内容不同的情况。除了云南白族人的三道茶，地处湖北的益阳也有三道茶。这种敬茶方式与白族的迥然不同，是贵客上门时才有的隆重礼节。在湖北的三道茶中，第一道茶是给每位宾客敬一小茶盅煎茶水，夏天是凉茶，冬天是热茶，意在为宾客洗尘。送茶的女主人端着茶盘在一边立等，宾客们接过茶盅，必须一饮而尽，双手将茶盅送回茶盘。宾客走进厢房，在八仙桌边坐定，桌上摆着土产茶点：红色的盐姜，花花绿绿的巧果片、糖醋藕片、炒花生、南瓜子等。这时，女主人端上第二道茶，每只茶碗内有用红糖水煮熟的三个剥壳整鸡蛋，几粒荔枝或桂圆，由宾客们自由自在地慢慢品尝。第三道是洁白如奶的擂茶。女主人先给每位宾客敬上一碗，喝完了会主动再添。如果宾客不想喝了，主人也不会勉强。喝第三道茶的时间较长，可一边喝茶，一边聊天。

2. 藏族酥油茶

藏族同胞的生活中离不开酥油茶。酥油茶的制作方法是：将适量砖茶或沱茶捣碎放入铁锅，掺水熬煮，几度沸腾后，撒少量土碱，催出茶色。将沸腾的茶水倒进碗口粗、半人高的圆筒内，放进一些酥油和少许盐巴，抓住筒中的木杵，上下搅动，轻提、重压，反复数十次，使茶汁、油脂和水融合，成为色、香、味俱全的酥油茶。生活较好的人家，或者有贵客临门，在打制酥油茶时，人们会加进核桃仁、牛奶、鸡蛋、葡萄干，使酥油茶更加柔润清爽，余香满口，为茶中上品。除了酥油茶外，藏族还有多种多样的茶，用菜油打制的叫"弄恰"（菜油茶），用牛奶打制的叫"俄恰"（奶茶），用骨头汤打制的叫"宇恰"（骨头茶）。这些茶比酥油茶档次低，然而也别有风味。此外，还有在茶水中撒盐巴的清茶，清茶中放一小块酥油的"抛玛"，用红茶、牛奶、白糖熬煮的"恰恰莫"（甜茶），往酥油茶桶倒入浓茶，掺开水制成的"恰库"，将酥油、糌粑、茶叶、盐巴混合煮成糊状的"恰城"（油茶羹）。

3. 蒙古族咸奶茶

蒙古奶茶的熬制先要将青砖茶用砍刀劈开，放在石臼内捣碎后，置于碗中用清水浸泡。以干牛粪为燃料将灶火生起，架锅烧水，水必须是新打上来的水，否则口感不好。水烧开后，倒入另一锅中，将用清水泡过的茶叶也倒入，用文火再熬 3 min，然后放入几勺鲜奶和少量食盐，锅开后即可用勺舀入各茶碗中饮用。如果水质较软，还要放一点纯碱，增加茶的浓度，使之更加有味。火候的掌握亦十分重要，温火最佳，火候太大，会破坏茶所含的维生素；火候太小，茶味不够。燃料干牛粪必须要干透才行，不能使用发霉变质的，使烟串入茶叶中影响茶味。

遇到节日或较隆重的场合，奶茶的配料增多，制作也复杂得多。事先要预备好青砖茶碎末、食盐、小米、牛奶、奶皮子、黄油渣、稀奶油、黄油、羊尾油等配料，并放在碗内备用。烧开水倒入茶叶熬成茶汁，再滤出茶叶渣，留下茶汁。将另一锅置于火上烧热，用切碎的羊尾油烧锅，将少量茶汁倒入烧开，再加入一勺小米，煮开后将剩余所有茶汁倒入锅中，沸后放一把炒米和少许黄油。最后将其他配料如牛奶、奶油、奶皮子、黄油渣混在一起放入专用的搅茶桶中搅拌，直到从混合物中分离出一层油为止，然后全部倒入滚开的茶水锅中搅拌均匀，这样一锅飘溢着浓浓奶香味的高档奶茶就熬好了。

4. 侗族打油茶

在滇、贵、湘、桂四省区相毗邻的地区，是侗族同胞的聚居之地。侗族人茶瘾很大，打起油茶来使人陶醉。

清明前后，侗族姑娘上山采茶。她们将茶叶采回来以后，放入甑或锅里蒸煮，待茶叶变黄以后，取出将水沥干，加入少许米汤略加揉搓，再用明火烤干，装入竹篓，用放在火塘上的木钩挂着，使烟熏后更加干燥，成为打油茶的原料。打油茶的方法和原料多寡略有不同，一般招待宾客时就颇为讲究。先将铁锅烧得通红，淋下油，轻炒茶叶数下，然后倒入水煮开，水面的热气恰似条条白练，蜿蜒舞动，方桌上摆着许多小碟，盛有腊肉丁、鸡丁、肉末、青豆粒、葱花、香菜、脆花生、糯米丸、芝麻粒等。然后把这些原料逐一拨入碗中，用滚开的茶水浇，嗞嗞地响，美味无比。这种油茶含各种营养成分，喝起来油而不腻。

5. 纳西族"龙虎斗"

云南玉龙雪山下的丽江，是纳西族的聚居地。这个20多万人口的民族，有着悠久的文化，同时也是喜爱饮茶的民族。他们既流传着饮用"油茶""盐茶""糖茶"的习俗，也保留了富有神奇色彩的"龙虎斗"。"龙虎斗"的纳西族语为"阿吉勒烤"，先把一只拳头大的小陶罐放在火塘边烤热，然后装上茶叶放在火上烘烤。这时要不停地抖动陶罐，以免茶叶烤煳。待茶叶烤至焦黄、发出香味时，马上向罐中注入开水。顿时，罐内茶水沸腾，泡沫四溢，待泡沫溢出后再冲满开水，稍过一会儿茶就煮成了。同时，将茶盅洗净后斟上半杯白酒，将煮好的茶水趁热倒入盛酒的茶盅中。冷酒热茶相遇，立即发出悦耳的响声。纳西族人把这种响声看作吉祥的象征，响声越大，在场的人就越高兴。响声过后，茶香四溢，真是"香飘十里外，味酽一杯中"，喝起来味道别具一格。据说，这也是纳西族人治疗感冒的秘方，效果非常显著。

6. 傣族竹筒茶

西双版纳的傣族人，以竹筒茶待客。竹筒茶傣语称为"腊踩"，是将已晒干的青毛茶装入刚砍回来的当地特产香竹筒内，放在火塘的三脚架上烘烤，6～7 min 后竹筒内的茶叶便变软了。用木棒把竹筒里的茶叶捣紧，再添入新茶叶继续烘烤。就这样边烤、边捣，直到竹筒内茶叶填满捣实为止。等茶烤干后，剖开竹筒取出圆柱形的茶叶，掰下一块放进杯中，冲入沸水就成为竹筒茶。这种茶喝入口中，既有竹子的清香，又有茶叶的芬芳，非常可口，沁人心脾。去西双版纳旅游或去参加泼水节时，喝上一碗傣家的竹筒茶，将留下难以磨灭的印象。竹筒茶还有一种腌制的方法，将蒸柔晒干的茶叶放在竹帘上搓揉，装入竹筒春实，用石榴树叶或竹叶塞住筒口，倒置竹筒使余水淌出，两天后用泥灰封住筒口。茶叶慢慢在竹筒内发酵，两三个月后茶叶变黄，取出紧压的茶叶晾干后装入瓦罐，加入香油浸腌，随时取出用大蒜或其他作料炒食，别有一番风味。傣族竹筒茶如图 2—92 所示。

图 2—92　傣族竹筒茶

三、其他调饮茶的配制

1. 冰茶的制作与饮用

冰茶的饮用最初在国外较为流行，然而自 20 世纪 80 年代以后，在中国一些大中城市，这种饮用法开始为大众所接受。

（1）冰茶的原料

冰茶的原料，除了茶和糖外，根据饮用者自己的爱好，还可以加入牛奶或柠檬等。冲泡用茶，以茶汁能快速浸出的为好，常用的有红碎茶，少数也有用绿碎茶的，或者是用以红碎茶或绿碎茶为原料制成的袋泡茶等，用茶量要比清饮法多。由于冲泡的茶的茶汁容易浸出，用量又大，加上冰茶制作的需要，冲泡用的开水温度不宜过高，一般在 60℃就可以了。制作冰茶的茶具主要有盛茶用的玻璃杯、带夹的冰块缸、带匙的糖缸、冷却壶、有胆的滤壶、开水壶等。

（2）冰茶的制作程序

冰茶属冷饮之列，与传统冲泡热饮相比，其制作方法是有一定区别的。其方法如下。

1）备具。将冰茶制作所需茶具，根据制作方便需要，依次摆放在泡茶台上。

2）置茶。打开有胆滤壶，根据需要，用茶匙取红碎茶或绿碎茶 8～9 g，或相应的袋泡茶 3～4 包，置入滤壶待泡。

3）冲泡。用 60℃左右的开水冲泡，用水量为 400 mL 左右，静置约 3 min。

4）倒茶。先在冷却壶中放入相当于 100 mL 水的冰块，而后将上述有胆滤壶中的浓茶汤，经过滤后倒入冷却壶，若没有冷却壶也可另取一把相当的茶壶替代，随即放入一定数量的白糖。

5）冷却。右手握冷却壶（或茶壶）的把柄，左手托住冷却壶底，不断转动，加速冰块融化，并使壶中茶水浓度均匀一致。

6）分茶。在每个有柄玻璃杯中放入三、四块小冰块，相当于 20～30 mL 的容积。随后提起冷却壶，将茶汤分别倾入每个杯中，至七成满为止。还可根据品饮者的口味，加上几滴柠檬汁或适量牛奶，用茶匙调匀。

7）奉茶。双手端杯，一一奉给宾客，并行伸手礼。

冰茶香甜可口，大多在夏季饮用。品尝时，男性多采用单手握柄持杯，女性除右手持杯外，还常用左手托住杯底，通常先闻香，再观色，接着便可啜饮。

2. 红茶的调饮泡法

（1）红茶通常的调饮泡法

红茶的清饮，追求的是茶的真香实味；而在红茶的茶汤中加入调料以佐汤味的调饮则另具风味。红茶的调饮泡法比较常见的有在红茶茶汤中加入糖、牛奶、柠檬、咖啡、蜂蜜或香槟酒等。所加调料的品种和数量随品饮者的口味而定。红茶的调饮法中还有一种类似茶饮料的泡法，当代颇受青睐，即在茶汤中加入一些美酒。这种饮料，酒精度低，不伤脾胃，茶味酒香，十分相宜。

调饮红茶主要有牛奶红茶、柠檬红茶、蜂蜜红茶、白兰地红茶等。冲泡调饮红茶多采用壶泡法，选用的茶具，除烧水壶、泡茶壶外，盛茶杯多用带柄带托瓷杯。

（2）红茶调饮泡法的基本程序

1）选具。按宾客多少，选用茶壶以及与之相配的茶杯。

2）洁具。用开水冲淋茶壶、茶杯，以清洁茶具。

3）置茶。按每位宾客 2 g 的量将红茶置于茶壶内。

4）泡茶。用 90 ℃ 开水，以每克茶叶 50 ～ 60 mL（红碎茶为每克茶叶 70 ～ 80 mL）的用水量，从较高处向茶壶冲入开水。

5）分茶。泡茶后，静置 3 ～ 5 min，滤去茶渣，并一一倾茶入杯。随即再一一加上牛奶和糖；或一片柠檬，插在杯沿；或洒上少量白兰地酒；或一二勺蜂蜜等，其调味用量的多少，可依每位宾客的口味而定。

6）奉茶。奉调味茶时要注重礼仪。另外，每杯须加放茶匙一个。

7）品饮。品饮时，须用茶匙调匀茶汤，然后闻香、尝味。

3. 配料茶泡法

（1）配料茶的原料

配料茶种类很多，可用各种干果、果仁及可食用中药，更增加茶的保健和滋补功能。

（2）配料茶泡法的基本程序

1）准备。在泡茶台中间置放茶盘，内放去盖的盖碗四套，配料缸两只（带匙）；左侧放小茶盘，内放茶叶罐、插茶匙及箸的箸筒、茶巾盘、赏茶盘、箸架；右侧小茶盘上放开水壶。

2）出场。随音乐节奏缓步行走，主泡和助泡一起行鞠躬礼，主泡坐下，助泡站于主泡右侧。

3）备具。将左侧小茶盘中的茶叶罐和箸筒一一端放在小茶盘的上方，将箸架直放在中间大茶盘的左上方，右手拿出箸（手心向上），交放在左手（手心向上），拇指、食指、中指控住筷，右手反掌（手心向上），用拇指、食指、中指三指控住箸，箸尖搁于箸架上，再将赏茶盘移至小茶盘的正中。

4）赏茶。主泡双手将茶叶罐捧出置于中间茶盘前方，将茶巾盘放于盘后方靠右处，将茶荷及茶匙取出放于盘后方靠左处。

5）置茶及配料。双手捧取茶叶罐，左手拿罐，右手开盖置茶巾上，取茶匙将茶放入无盖的盖碗中，每碗置茶样2 g，从配料缸中取配料（如烘青豆、盐渍陈皮和炒紫苏子配绿茶，桂圆肉、葡萄干、红枣、冰糖或方糖配红茶，杭白菊和枸杞子配绿茶，金银花和陈皮配绿茶等），一并加入茶中。

6）冲泡。绿茶用80℃开水，红茶用90～95℃开水，先回转冲泡茶与配料至浸没，即用"凤凰三点头"冲水至翻口沿下。

7）搅拌。右手背朝上，用拇指、食指、中指三指取箸，交放在左手（手心向上），拇指、食指、中指三指控住箸，右手翻转（手心向上），再拿箸（平常吃饭的拿法）沿碗壁逆时针搅动数下，依次进行。搅拌毕，将箸搁在箸架上，然后在碗中放入茶匙一只（杞菊茶及银橘茶不食配料，不需加匙）。

8）奉茶。主泡将配料缸取出放在右侧，将茶碗放均匀，这时助泡上场走到主泡左侧，主泡行示意礼后，助泡端起茶盘后退，奉茶其余步骤同名优绿茶泡法。

9）品尝。宾客先闻香、观色，然后边喝茶边用匙吃可食用的配料。青豆茶也可不用匙，靠敲打碗边和碗口，使茶叶和配料移到碗边而食用，别有一番情趣。

10）收具。主、助泡奉茶后返回原位，助泡将茶盘放桌上，主泡将桌上所有物品一一收入盘内，两人各端一盘，行鞠躬礼，退至后场。

四、茶席设计的基本知识

1. 茶席设计含义

茶席原本是随着品茗艺术的出现而形成的，不过，在中国古代典籍之中，尚未发现"茶席"一词。"茶席"作为专用词语的运用，最早起于何时，至今未有明确的认定。广义的"茶席"，认为不论泡茶席、茶室、茶屋或茶庭，最基本的必备功能是泡茶，只要提供方便冲泡各种类型茶，或特定茶类的设备，再加以个性化处理，就能称之为"茶席"。狭义的"茶席"，即为"泡茶席"，仅仅是指提供方便泡茶、饮茶与奉茶的一组桌椅或地面。也就是泡茶者的座位与进行泡茶操作的地方，以及客人就座或行走的空间。

2. 茶席的基本特征

茶席的基本特征是指茶席本身具有的特征，没有这些基本特征，就不成其为茶席，其主要表现在三个方面：首先是物质性，茶席首先是一种物质形态，是由与茶事相关的物质构成的，是以茶事内容为表现的规律性展示。在茶席的物质形态中，一是茶品，二是茶具，甚至可以说，没有这两者就没有茶席的存在。其次是实用性，实用性是茶席的要素。茶席主要有两种状态：一是普通茶席，二是艺术茶席。普通茶席的实用性主要体现在生活上，被广泛应用于人们的日常生活中，家中的品茗区域、办公室的品茶场所，以及茶话会的现场，都属于普通茶席。艺术茶席主要以艺术形式表现，或是以茶艺表演为目标，注重茶的艺术欣赏性与表现力，虽然实用功能稍弱，但同样具有实用性。最后是艺术性，任何茶席都必须具有艺术性。因为茶席设计并非一般性的配套茶具的照搬，而是一种艺术行为和艺术创意。此外，茶席还有鲜明的文化属性：一是民族性，在茶席设计方面体现出本民族的文化色彩；二是地域性，茶席的设计往往会把最有地域特征的文化融入其中；三是时代性，也就是不同时代有其追求的时尚元素的表征。

3. 茶席的组成元素

茶席设计是以茶为灵魂，以茶具为主体，在特定空间形态，与其他艺术形式混合，共同完成的有茶艺独立主题的艺术组合。茶席构成的元素有 10 个方面：（1）茶品；（2）茶具组合；（3）铺垫物品；（4）茶席插花；（5）茶席之香；（6）茶席挂画；（7）相关工艺品；（8）茶点茶果；（9）背景处理；（10）茶人。这 10 个方面，可以全部选择，也可以只有其中的一部分。

4. 茶席设计原则

（1）承载主题，但又不可主题繁杂

茶席设计必须与茶艺所要表达的主题一致。这种主题的一致性具体体现在茶席构成中的器物、形状、色彩等，达到以静态之席与宾客进行主题的交流的目的。

（2）呈现风格，但不要摆设过多

茶艺的风格除了茶艺师的表演风格自成一派外，大部分的作品是由茶席来呈现的，清秀、典雅、远奥、繁复等意境都可以通过茶席的静态语言来表达，茶席风格一旦确立，在一定程度上也就确立了茶艺作品的风格。茶席风格，又是由器物和摆饰来体现的。

（3）符合茶艺规范，但不应表达太多哲理

茶席设计首先是满足茶的需求，满足沏茶的要素和流程，满足完美茶汤呈现出的所有努力。茶席设计是围绕着沏茶的中心任务而开展的，不宜表达太多哲理。应该简洁明了，才能给人以突出印象。

（4）符合人体工学，既要考虑表演者，又要考虑饮茶者

茶艺是在茶席的空间里进行动作的表演，茶艺师在茶席中能不受压迫而自如地开展沏茶的行为，是茶席设计要从人体工学角度考虑的重要任务。茶艺表演有位置、动作、顺序、姿势、线路的"五则"要求，有奉茶的要求，有不同国家、地区、性别、年龄的行动习惯要求，这些都要在茶席设计中有所考虑。茶席设计在考虑茶艺师的同时，要考虑饮茶者和观赏者的感受。

（5）兼顾场合，又要画面完整

茶席设计要能符合各种场合的要求。例如，家庭式的茶席场合固定，观赏的距离近，可用一些精致的、贵重的器具做主角或铺陈；舞台上的茶席要尽量兼顾远距离观众的欣赏要求，所以采取典雅、繁复的风格设计茶席是常用的表现手法；旅行的茶席要便于携带，不必过于贵重；各处表演的茶席，既要考虑到舞台效果，又要兼顾运输方便等。场合的因素必须在茶席设计中体现，否则即使有可能是一件好的作品，但因为不符合场合的要求，而达不到应有的审美需求。

5. 茶席设计类型

茶席设计的类型，从不同的角度有不同的区分方式，按题材分、按结构分、按茶会类型分，是三种最为常见的分类方式。

（1）题材类茶席

题材类茶席可分为：以茶品为主题、以茶事为主题、以茶人为主题。

以茶品为主题的茶席，主要表现为茶品的特征、茶品的特性以及茶品的特色。

以茶事为主题的茶席，可以分为：一是重大的茶文化历史事件，选择某一角度在茶席中进行展示；二是特别有影响的茶文化事件，选择某一场景在茶席中反映；三是自己喜爱的现实茶事，抓住某一片段在茶席中再现。

以茶人为题材的茶席，同样有多种情况，如以古代茶人为题材、以现代茶人为题材、以身边茶人为题材。题材类茶席如图2—93所示。

茶 艺师（高级）（第2版）

图2—93 题材类茶席

（2）结构类茶席

茶席的各种器物之间，存在结构关系。而且，从单纯的茶席组合结构，到整体的茶席布局结构，也存在不同的结构关系。在这多种多样的结构关系中，可以归纳为中心结构式和多元结构式两种类型。

中心结构式，是指在茶席有限的铺垫或表现空间内，以空间中心为结构核心点，其他各因素均围绕着结构核心来表现相互关系的结构方式。中心结构式以茶具或茶品主器物为主体。

多元结构式，又称非中心结构式。也就是说，茶席并无中心结构，而是由茶席范围内的任一结构形式自由组合，只要能呈现结构形式美、意境美，而且使用便利就可以了。结构类茶席如图2—94所示。

图2—94 结构类茶席

（3）茶会类茶席

茶席是实用性和艺术性的结合，因此，从茶席与人的关系着眼，从特定茶会的角度来看，茶席可以分为自珍席、宾至席、雅集席、舞台席四种。

1）自珍席。自珍席是茶艺师自身以饮者的身份与茶对话，茶席是茶艺师心灵的观照，茶席设计的特征：表现自我风雅和自由。自珍席如图2—95所示。

图2—95　自珍席

2）宾至席。宾至席是宾客与茶的对话，反映了茶艺师对来宾的心情与礼节，茶席设计的特征：亲切。宾至席的亲切特征是通过主宾之间默契的沏茶、饮茶来展示的，并以更多细致的感情寄托在茶席之外。宾至席如图2—96所示。

图2—96　宾至席

3）雅集席。雅集席是符合某个主题的心情与趣味的茶席展示，多用在以茶聚会的场合中，能以其文化内涵和审美形态给人深刻的印象，茶席设计的特征：独特。雅集席如图 2—97 所示。

图 2—97　雅集席

4）舞台席。舞台席是使用在舞台表演场合上的茶席展示，应符合舞台艺术的要求，茶席设计的特征：夸张。舞台茶席面临的三个挑战：一是舞台的限制性；二是舞台美术的要求；三是舞台的情感要求。舞台席的设计一般用繁复、典雅、壮丽的风格来体现，也常用多席的、空间连接格局的大型茶席来掌控舞台。舞台用以表演茶艺，所以主体的设计部分会做较多的考虑，如果主体设计得比较郑重，茶席的实物部分应铺展得清雅一些。舞台席如图 2—98 所示。

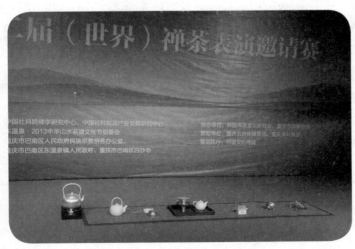

图 2—98　舞台席

五、茶艺表演的文化内涵

茶艺表演具有深厚的文化内涵，这在不同类型的茶艺表演中有不同的体现。有的茶艺表演具有深厚的历史文化底蕴，如唐代宫廷茶艺。根据史料记载，唐代宫廷在举办各种礼仪活动，如清明节敬神祭祖、皇帝款待群臣以及喜庆宴时，也有饮茶活动。1987年陕西省宝鸡市扶风县法门寺出土的茶具，包括银质金花茶碾子等，为唐代宫廷茶具代表。以这些文本和实物为依据，还原历史，对历史进行再加工而形成了今天我们看到的唐代宫廷茶艺表演。其中不乏有许多历史的文化内容，如唐朝宫廷礼仪、服饰、饮茶器具等。

而以文人雅士为主，追求"精俭清和"精神的文人茶艺是文人的品茗艺术，流行于江南文人雅士集中地区。始于唐代陆羽、卢仝、皎然等，后经宋代梅尧臣、苏轼、黄庭坚，明代朱权、文征明、唐伯虎、周高起，以及清代李渔、张潮等文人倡导，日臻完善。文人茶艺对茶叶、茶具、用水、火候、品茗环境及参与人员都有严格要求。一般选用汤味淡雅、制工精良之阳羡茶、顾渚茶，并喜用宜兴紫砂壶（泡茶）、景德镇瓯（饮茶）、惠山竹炉（生火烧水）和汴梁（开封）锡铫（煮水）等茶器，用无锡惠山泉煮茶。饮茶讲究汤候，要控制好茶量与温度。在室内品茗，以书、花、香、石、文具为摆设。在室外品茗也用同样器物，并多选清雅场所。茶友，须人品高雅，有较好修养。诗词歌赋、琴棋书画、清言漫谈，是文人茶艺的主要活动内容。

现在的文士茶艺，是在历代文人雅士饮茶习惯的基础上，经后人加工整理而形成的。文士茶艺具有深厚的文化内涵。历代文人雅士喜爱将清谈、赏花、玩月、抚琴、吟诗、联句相结合，更多地注重茶之"品"而非以解渴为目的。他们在品茶时讲究环境静雅、茶具清雅，更讲究饮茶艺境，以怡情养性为目的，因而反不注重茶、水、火、具，更注重同饮之人。

以寺庙僧侣为主，注重"静省序净"禅宗文化思想的禅师茶艺是佛门的品茗艺术，在寺院僧侣中流行。始于六朝释法瑶，后经唐代降魔师、皎然、百丈、赵州等禅师推崇发展，禅师茶艺自成一体。茶有提神效果，泰山降魔师首先倡导"以茶禅定"。皎然深通禅礼，精于文墨，又兼掌寺院事务，认为禅与茶十分相通，主张寺院栽茶制茶，并以茶代酒，使茶渐入禅宗精神领域。后经唐代中叶百丈怀海禅师撰写"百丈清规"，将茶融入禅宗礼法。唐代宗年间，高僧赵州从谂倡导"以茶悟道"。前后200年间，经几代禅师努力，禅师茶艺才趋完善，得以在寺院广泛流行。禅师茶艺一般选用寺院自制茗茶和泉水，按照佛教教理选用茶具，安排茶室摆设，赋予象征意义。如茶勺五寸，表示点茶供养五方圣凡；茶扇十骨，以表十界茶。茶器不求豪华贵重，只讲圆虚清净，因此要底部鼓起，重心平稳，以求安全。即使大茶会，也强调平等如一将茶汤一次点好，再用小勺分盛小碗，分送宾客，共享同一茶汤。茶室如禅室，力求简朴，有祖师真容、茶、花、香、画即可。禅师茶艺讲究僧侣们身体力行，自己种茶、制茶、煮茶，以茶供佛，以茶待客，以茶修行，即物求道，不离物言道。

近几年来，宗教茶艺越来越吸引人们的目光。禅茶茶艺、三清茶艺、观音茶艺、太极茶艺等这些宗教茶艺是佛教、道教与茶结合的结果。随着茶内涵中人文因素的日益增多，茶的自然属性被寓于人文因素之中，成为修道、修身的载体。僧人、道士以饮茶修行，从而形成了独特的宗教茶道。宗教茶艺的形成与自古我国佛道与茶结缘甚深是密切相关的，宗教茶艺气氛庄严肃穆，礼仪特殊，茶具古朴典雅。以"天人合一""茶禅一味"为宗旨，讲究修养心性，以茶释道。

茶艺表演中的民俗风情也是茶艺的文化内涵之一。回族的"盖碗茶"、佤族的"烧茶"、傣族的"竹筒茶"，以及白族的"三道茶"等，这些民族茶饮也融入了茶艺表演当中，展现了我国各民族多姿多彩的饮茶艺术。这些民俗茶艺表演中，除了独特的泡茶方式外，民族风俗、民族服饰也成为茶艺表演的文化特色之一。最具代表性的就是惠安女茶俗了（见图2—99）。惠安女常常给人留下极深的印象，这主要是由于她们奇特的服饰。她们往往头戴金色的斗笠，用鲜艳的头巾包着脸，只露出眼睛、鼻子和嘴巴。上身穿着又短又窄的蓝布小花褂，肚脐露在外面，腰间束着一条银色的腰带，下身穿着又大又肥的黑裤。表演者们身着惠安服饰，向观众展示奇特的惠安风俗，既具知识性，又具观赏性，这体现了以其文化内涵吸引观众。

图2—99 惠安女茶俗

饮茶活动中涌现了大量的茶诗、茶曲，将之融入茶艺表演中，就增添了茶艺表演的文化色彩。茶艺表演中挂画、插花、焚香、点茶并称四艺，在北宋时代就已在盛宴和神祭中作为重要的项目之一，也成为文人生活中艺术修养的内容。元朝、明朝时，文人雅士更加倡导，处处讲求悟物性、崇幽趣、尚自然，着重神韵内涵的提升和品味，其中喻理更为明显。四艺的配合品赏是茶艺的完整呈现，品茶重味觉之美，挂画重视觉之美，插花重视觉、触觉之美，焚香重嗅觉之美，生活四艺较少单独表现。四艺合一，相得益彰，才能尽善尽美。四艺是生活的艺术，也是提高风雅和韵味的人生哲学。

六、茶艺表演的美学知识

茶艺作为生活艺术行为之一，是人们在茶事活动中的一种审美现象。它具有美学的三个层次，包括审美对象、审美意识、审美活动。作为茶艺六要素的人、茶、水、器、境、艺就是茶艺的审美对象，它们都具备固有的客观的美。人们在感受茶艺各个要素之美的时候所产生的感官愉悦，产生美感，即审美意识。当人们将茶艺各个要素进行有机结合形成一种最集中的艺术表现形式，即审美活动。因此，茶艺就是一种日常生活行为的审美化，人们在这审美实践过程中能体验到审美的愉悦。在整个茶艺操作过程中，审美体验本身的精神性会转化为感官的快适和满足，并进一步要求审美对象的精致化，从味觉、嗅觉、视觉对茶叶、茶汤、茶具、环境、服饰、形象，到听觉对音乐、水声、器具的响声以及语言的轻重和节奏，再到触觉对各种茶叶、茶汤及器具材质和质感等的感受，都会有更加严格的要求，从而提高茶艺的艺术品位。审美体验是一种内心过程，与品位一同构成审美欣赏的能力、情趣和判断，促进人们在日常生活的审美实践，也要求将日常的饮茶活动提升到审美层次的品饮艺术。

中国茶艺最本质的美学特征，主要体现在三个方面。

一是清静之美，清静之美是中国茶艺美学的客观属性。这种客观属性首先来源于茶叶本身的自然属性。清静之美是一种柔性的美、和谐的美。

二是中和之美，审美对象的性质，主要是由审美主体、主体的审美态度、审美经验确定的。没有审美态度，再美的事物也引不起人的审美愉悦，不能成为审美对象。一个人如果没有音乐欣赏能力，没有感情，听到再美的音乐，也像耳边之风、脚下流水一样，不能产生共鸣，没有什么愉悦之感。没有美术修养，看到一幅再美的画，也只是一堆色彩的堆积而已，无动于衷，就是再精美的绘画对他来说也是毫无价值的。可见，作为审美对象的美，是离不开人的主观态度和意识状况的。而作为审美主体的人的审美实践活动主要体现在善的目的性。因为人类实践主体的根本性质就是善。

三是儒雅之美，儒雅之美是中国茶艺美学的审美对象和审美意识有机结合形成的美学特征。它是在清静之美与中和之美基础上形成的一种气质、一种神韵。它来源于茶树的天然特性，反映了茶人的道德秉性，也呈现了茶事活动中审美实践的艺术特性。

就审美对象而言，茶艺诸要素都必须呈现儒雅之美，除人之雅之外，还要求境之雅、器之雅、艺之雅。境之雅，就是品茗环境要幽雅，追求与大自然的和谐相处，借自然风光来抒发自己的感情，与自然情景交融。所以古人历来喜欢到大自然的幽雅环境中去品茗。器之雅，就是品茶器具要高雅。人们在品茗时茶具始终在品茗者的视线之内，它的质地、形态、色泽如何，都会影响人们的审美情趣，也会影响人们的品茗心境。故历来茶人很重视茶具的艺术性。艺之雅，是指品茗形式要儒雅。饮茶本来作为人们解渴、提神的生活行为，无所谓雅不雅的问题。但是，当它在文人雅士的参与之下发展为品茗艺术之后，就成为一门生活艺术。而艺术作为审美的高级形态，源于生活又高于生活。因此品茗就具有一定艺术性、观赏性，需要一定的规范和程式。

七、主题茶艺表演的程式与演示

1. 文士茶的表演（以江西婺源文士茶为例）

文士茶是中国江西婺源地区，民间传统品茶艺术之一，婺源自古文风鼎盛，名人辈出。文人学士讲究品茶，追求雅趣，因此文士茶以儒雅风流为特征，讲究三雅，即饮茶人士之儒雅、饮茶器具之高雅、饮茶环境之清雅，追求三清，即汤色清、气韵清、心境清，以达到物我合一，天人合一的境界。所以，所用茶具最好以江西景德镇的青花瓷为主，其主要茶具有：水盂2个、香炉1个、盖碗4套、茶碟2个、茶巾2块、茶罐（锡罐）1个、茶则1个、茶匙1把、茶荷1个、锡壶1把、托盘2个等。文士茶表演的基本程序如下。

（1）行礼

随着《春江花月夜》古筝曲的音乐响起，三位表演者依次缓步入场，站定，向来宾行礼。行礼如图2—100所示。

图2—100 行礼

（2）焚香

中国传统讲究拜天、拜地、拜祖先。因此，在文士茶中一拜天、二拜地、三拜茶神陆羽。焚香如图2—101所示。

（3）净手

主泡在泡茶前先要净手，以示对客人的尊重。净手如图2—102所示。

图2—101 焚香　　　　　　　　　图2—102 净手

（4）备具

两位副泡依次将茶巾、茶碟、茶罐、盖碗等器具摆放在表演台上。备具如图2—103所示。

图2—103 备具

（5）备茶

主泡先将茶荷放入托盘中，再用茶匙将茶罐中的茶叶缓缓拨入茶荷中，雅称"倾茶入荷"。茶荷被设计成敞口的作用是为了让茶客可以清楚地观赏到茶叶的外形、色泽等。备茶如图 2—104 所示。

图 2—104　备茶

（6）赏茶

文士茶所用的茶叶一般是产自江西婺源的毛尖，可观其色泽、外形，并闻其茶香。赏茶如图 2—105 所示。

图 2—105　赏茶

（7）温具

温具就是用沸水淋浇茶具，提高茶具温度。温具如图2—106所示。

（8）洗杯

洗杯的作用在于提高茶具温度，有利于茶叶色、香、味的发挥。文士茶所用茶具大都是产自江西省景德镇的青花瓷器。景德镇的青花瓷器以"薄如纸""白如玉""明如镜""声如磬"而闻名天下。再加上它在白瓷上缀以青色纹饰，既典雅又丰富，体现了明清时期文人雅士的品茶情操。洗杯如图2—107所示。

图2—106　温具

图2—107　洗杯

（9）投茶

投茶就是将茶罐中的茶叶拨入茶则中，雅称"倾茶入则"，再将茶则中的茶叶均匀地拨入四个盖碗杯中。投茶如图2—108所示。

（10）浸润泡

浸润泡也称醒茶，此时倒入的水没过茶叶即可。浸润泡如图2—109所示。

（11）摇香

摇出茶叶的初香，使茶叶的色香味更好地发挥。摇香如图2—110所示。

图 2—108 投茶

图 2—109 浸润泡

图 2—110 摇香

（12）正泡

正泡采用"凤凰三点头"手法，表示对各位来宾的再三敬意。正泡如图2—111 所示。

（13）奉茶

由两名副泡为各位来宾奉茶。奉茶如图2—112 所示。

（14）收具。

收具如图2—113 所示。

图 2—111　正泡

图 2—112　奉茶

图 2—113　收具

2. 擂茶的表演（以江西赣南客家擂茶表演为例）

客家擂茶是江西赣南地区一带客家人的饮茶习俗。客家人保留了一种古老的饮茶习俗，就是将一些富有营养的食品（如花生、甘草、陈皮、薄荷、芝麻）及茶叶放在特制的擂钵中擂烂，冲入开水，调制成一种既芳香可口，又具有驱寒祛湿功效的饮料。民间称之为擂茶。主要器具有擂钵 1 个、擂棒 1 根、水盂 1 个、茶巾碟 1 个、茶巾 2 块、茶碟 1 个、原料碟 7 个、托盘 2 个、茶碗 6 只、大茶勺 6 个、茶架 1 个、茶匙 1 把、铜壶 1 把等。擂茶表演的基本程序如下。

（1）出场行礼

随着欢快的《斑鸠调》音乐的响起，主泡、副泡步履轻盈地从后场两边走出，面对来宾同时行礼。出场行礼如图 2—114 所示。

图 2—114　出场行礼

（2）备具

主、副泡相互点头示意，副泡回后场取出一个托盘（内有水盂、茶巾碟、茶巾），由主泡放到桌上。主、副泡相互点头示意，一起回后场，副泡取擂钵，主泡取擂棒，一起走出将茶具放在桌上。备具如图 2—115 所示。

（3）赏茶

主、副泡相互示意，一起回后场，副泡拿托盘（内有茶及原料），主泡拿茶壶，一起走出。主泡把茶壶放在桌上，之后主、副泡把六种原料介绍给观众，回到表演台前，准备冲泡。赏茶如图 2—116 所示。

图 2—115 备具

图 2—116 赏茶

（4）涤器

主泡拿起擂棒交给副泡，提起茶壶冲洗擂棒；副泡将擂棒交回给主泡并用毛巾将擂棒擦干，主泡放回原处。副泡将擂钵拿起，轻轻晃动，然后把擂钵内的水倒入水盂，把擂钵放回原处。主、副泡相互示意，副泡取茶匙，用茶巾擦净。涤器如图 2—117 所示。

图 2—117 涤器

（5）置茶

主泡将茶及原料一一倒入擂钵之中，再用毛巾擦拭茶匙，放回原处。置茶如图2—118所示。

（6）擂茶

主泡拿起擂棒交给副泡，主泡手扶擂钵，副泡手持擂棒（左手在上，右手在下），舂捣擂钵中的原料，然后先由副泡邀请一位观众上台参与擂茶，再由主泡邀请一位观众上台参与。擂茶如图2—119所示。

（7）冲泡

主泡手拿茶壶往擂钵中注水。冲泡如图2—120所示。

图2—118 置茶

图2—119 擂茶

图2—120 冲泡

（8）分茶

主、副泡相互示意，副泡回后场，取托盘（内有6只茶碗、6个大茶勺，瓷碗内放白糖）出场，由主泡用大茶勺将茶汤舀入瓷碗中，用大茶勺搅拌茶汤。分茶如图2—121所示。

（9）奉茶

主、副泡相互示意，走向来宾敬茶。奉茶如图2—122所示。

（10）收具

敬茶完毕，主、副泡回到台前，收具。收具如图2—123所示。

图 2—121 分茶

图 2—122 奉茶

图 2—123 收具

3. 禅茶

禅茶表演分四个部分：上供、手印、冲泡、奉茶。按佛教的规矩，上供是一个极其庄严的过程。为避免茶艺过程成为纯粹的宗教礼仪，也为使表演更为精炼雅观，禅茶表演突出了上供时的焚香礼拜，省略了一些复杂的佛事程序。禅茶表演中的手印借鉴了敦煌壁画中的佛教手印，如世尊拈花、迦叶微笑。在表演禅茶时是用纱布包扎茶叶后放入壶中烹煮，保留了唐代煮茶遗风。

禅茶用具：圆托盘 1 只、小香炉 1 只、檀香木 3 根、香粉、茶叶盒 1 个、黄丝带 1 条、白纱布 1 块、茶巾 1 块、茶海 1 只、小茶杯 7 只、竹篮 1 只、铜壶 1 把、炭炉 1 个。在布置场地时，需要屏风 1 堂、禅旗 1 面、供台 1 张、方凳 1 张、表演桌 1 张、桌布 3 块（黄色）、烛台和蜡烛 4 副、大香炉 1 只、线香 3 支。禅茶布景如图 2—124 所示。

图 2—124 禅茶布景

禅茶表演的基本程序如下。

（1）行礼

随着禅乐的响起，三位表演者依次缓缓出场，站定后向来宾合掌行礼，如图 2—125 所示。

a）

b）

图 2—125　出场行礼
a）出场　b）行礼

（2）手印

主泡盘腿坐下，左、右副泡站在主泡两侧略后的位置。主泡随音乐做第一遍手印。左、右副泡蹲下做手印，主泡做第二遍手印。左、右副泡站起合掌倒退回后场，等待主泡做好第三遍手印。手印如图 2—126 所示。

图 2—126　手印

（3）备供香用具

左副泡手托香粉、檀香木，右副泡手托香炉，同时从后场走到主泡两边。右副泡先蹲下把香炉递给主泡后站起，左副泡蹲下把檀香木、香粉递给主泡后站起，左、右副泡同时从两侧倒退入后场。备供香用具如图 2—127 所示。

（4）供香手印

主泡做供香手印，撒香粉。供香手印如图 2—128 所示。

图 2—127 备供香用具　　　　　　图 2—128 供香手印

（5）备茶具

左副泡手提竹篮，右副泡手托装有茶海、茶叶盒、茶巾的圆托盘同时上场，走到主泡两侧。右副泡蹲下，把茶海、茶叶盒、茶巾、圆托盘递给主泡后站起，左副泡站立直接把竹篮递给主泡。左、右副泡同时从两侧退回后场。左副泡手提铜壶，右副泡手捧炭炉，同时上场，走至主泡两边，右副泡蹲下，放下炭炉后站起，左副泡站立把铜壶递给主泡，左右副泡同时倒退回后场。备茶具如图 2—129 所示。

图 2—129 备茶具

（6）净具

主泡取铜壶往茶海里注入开水，以备涤器。取茶巾，把手擦净，然后用茶巾把圆托盘擦净。净具如图 2—130 所示。

图 2—130　净具

（7）煮茶

取白纱布，打开放入圆托盘中，取茶叶盒将茶叶倒入白纱布，用黄丝带把茶叶包扎好，投入铜壶内煮茶。煮茶如图 2—131 所示。

（8）涤器倒茶

主泡将 6 只干净的小茶杯置于圆托盘中，再把余下的 1 只茶杯放在自己面前。稍候片刻，提起铜壶将壶内的茶水依次倒入杯中。涤器如图 2—132 所示。涤器后，再倒入茶水。

图 2—131　煮茶

图 2—132　涤器

（9）奉茶

左、右副泡上场走至主泡两侧。左副泡弯腰捧起茶盘后，与右副泡同时给来宾敬茶。奉茶如图 2—133 所示。

（10）敬茶

右副泡双手合十，作揖，奉茶。主泡双手捧起茶杯用目光示意，向来宾敬茶，示范品饮。敬茶如图2—134所示。

（11）收具

左、右副泡同时上场走至主泡两侧。主泡将铜壶递给左副泡。右副泡捧炭炉。左、右副泡同时倒退回后场。左、右副泡同时从后场上，走到主泡两侧。主泡把竹篮递给左副泡。右副泡蹲下，主泡把圆托盘、茶海、茶叶盒、茶巾递给右副泡，左、右副泡同时倒退回后场。左、右副泡同时从后场上，走到主泡两侧。主泡分别把香粉、檀香木、香炉递给左、右副泡，左、右副泡同时倒退回后场。

图2—133 奉茶

图2—134 敬茶

图2—135 行礼退场

（12）行礼退场

左、右副泡上场，走至主泡两侧，三人同时合掌，向来宾行礼，依次退场。行礼退场如图2—135所示。

第 3 章　服务与销售

第 1 节　茶事服务

一、交往心理学基本知识

茶艺馆是一个公共休闲场所，茶艺服务人员与顾客必然要进行交往。交往是人们为了彼此传递思想、交换意见、表达感情和需要、协调行动等目的，运用语言符号（字、句等）和非语言符号（目光、姿势、体态、声调、面部表情及动作等）而实现的信息交流过程。交往的过程总是某个人将信息传递到另一个人，前者希望引起后者的反应或行动。对于茶艺馆来说，信息沟通过程有四个要素。一是发送者，即将应该传递的信息发送出去的顾客；二是信息，如想喝的茶的种类、想要的果品、需要的服务等；三是通道，即携带信息的一切物体，如空气、光、电波、电缆等；四是接收者，即接收信息并做出反应的茶艺服务人员。

当然在交往过程中存在着信息反馈，那么作为信息接收者的茶艺服务人员会变成发送者，把对信息的反应发送回去（如给宾客提供茶的种类，让宾客选择等），而原来的发送者（顾客）则变成了信息接收者。

根据交往途径的不同，可将交往分为直接交往和间接交往。直接交往是指利用语言、面部表情、身体姿态等面对面的交往。间接交往是指通过第三者或借助广播、报纸、书信等手段来进行的交往。

根据交往凭借符号的不同，可将交往分为言语交往和非言语交往。言语交往是指凭借语言进行的交往形式。言语交往又可分为口头交往和书面交往。由于人们的语言修养和职业等差异，在表达的准确性和理解深度方面都有所不同。

根据交往通道的性质，可将交往分为单向交往和双向交往。单向交往是指信息的传递是单向的，如讲课、做报告等。双向交往（多向交往）是指信息的传递是相互的，如谈话、讨论等。

茶事服务因其直接的服务性质，需要宾客与茶艺服务人员直接交流，无疑需要进行直接交往和言语交往。直接交往能够运用语言和表情手势等传递信息，获得及时的信息反馈，加之口头交往速度快、灵活等特点，双方都可获得准确、及时的信息。

二、正确引导顾客消费

在工作岗位上，对广大茶艺服务人员来讲，最为重要的工作莫过于顾客接待。顾客接待，在一些服务机构中亦称销售接待，主要是指由茶艺服务人员代表所在单位，向服务对象提供服务、出售商品的过程。在这一阶段，双方不仅有可能成功地实现商品、服务与货币的等价交换，一方获得赢利，一方获取所需，而且还会在一定程度上相互交流、相互了解。

从总体上来讲，顾客接待是一门精深的艺术。茶艺服务人员在接待顾客时，既要注意服务态度，更要讲究接待方法。只有这样，才能使主动、热情、耐心、诚恳、周到的服务宗旨得以全面贯彻。

严格地说，顾客接待是一个由一系列重要环节所组成的环环相扣的过程。在不同的服务部门中，顾客接待过程的具体环节往往各异。但总的来说，它们大都会全面或部分包含待机、接触、出样、展示、介绍、开票、收找、包扎、递交、送别 10 个基本环节。要尽善尽美地做好顾客接待工作，在这 10 个基本环节上，服务人员都必须一丝不苟地遵守相应的岗位规范。以下扼要地介绍其中 4 个重点方面的有关要求。

1. 待机接触

茶艺服务人员正式进入自己的工作岗位，等待顾客的来临，随时准备服务于对方，称为待机。而当顾客来临时，茶艺服务人员接近并招呼对方，则被称为接触。对茶艺服务人员来讲，待机是为了接触，接触是待机的自然发展，二者往往联系在一起。

茶艺服务人员在本人的工作岗位上待机接触顾客时，在指导思想上必须明确两点。一是积极主动，二是选准时机，不注意这两点，就难免会出现这样或那样的差错。

顾客入店，应被视为是对本单位莫大的信任。为其提供积极主动的服务，是每一位茶艺服务人员责无旁贷之事。这里所谓的积极主动，主要是要求茶艺服务人员在接待顾客的各个环节上，尤其是在接待之初，应处处以顾客为中心，时时发挥本人的积极性、主动性，切忌消极被动。

茶艺服务人员在接待顾客时，若想使自己积极主动的行为奏效，重要的是要选准时机，即必须待机而动，见机行事。自己的积极主动既不可表现得过早，也不宜表现得过晚。如果表现过早，会给人以强迫、拉客之感；如果过晚，则又会令人感到怠慢、冷落。

具体来说，在待机接触阶段，茶艺服务人员应当在以下三个方面加以注意，并且严格遵守有关的礼仪规范。

（1）站立到位

在一般情况下，茶艺服务人员在工作岗位上均应站立迎客。即使是岗位上允许就座，当顾客光临时，亦应起身相迎。站立迎客时，最重要的是要注意站立到位。

一般的要求是：茶艺服务人员理应主动站立于不但可以照看本人负责的服务区域，而且易于观察顾客、接近顾客的位置。

实行柜台服务时，有所谓"一人站中间，两人站两边，三人站一线"之说。它的含义是：一个柜台，如果只有一名茶艺服务人员站立服务，应站在柜台中间；如果有两名茶艺服务人员站立服务，应分别站立于柜台两侧；如果有三名或三名以上的茶艺服务人员站立服务，则应间距相同地站成一条直线。

实行无柜台服务时，茶艺服务人员大都应当在门口附近站立。重要的是自己所站的地方须易于迎客，又易于照看自己管辖的范围。

在站立迎客时，茶艺服务人员一般应面向顾客，或是顾客来临的方向。不允许四处走动，或者扎堆闲聊，更不能忙自己的私事。

（2）善于观察

对于顾客的观察，是茶艺服务人员在工作之中不得不做的事。过去，在服务行业广为流行的一条经验叫作"三看顾客，投其所好"。所谓"三看"指的是：一看顾客的来意，根据不同来意予以不同方式的接待；二看顾客的打扮，判断其身份、爱好，据此推荐不同的商品或服务；三看顾客的举止谈吐，琢磨其心理活动，使自己为对方所提供的服务恰如其分。可见，"三看顾客"，实际上就是要求茶艺服务人员通过察其意、观其身、听其言、看其行，对顾客进行准确的角色定位，以求把服务做好、做活。

通常而言，顾客进入服务机构之后，并非人人有备而来，非要进行消费不可。即使顾客有一定的消费欲望，从其产生直至转变为现实的消费行为，也要经过观看、思考、了解、比较、挑选、购买等一系列的过程。在这一系列的过程中，需要茶艺服务人员恰到好处地见机行事，促使顾客下决心消费。

日本一位著名的服务行业的经营者，曾经总结过茶艺服务人员主动接近顾客的六种最佳机会：一是顾客长时间凝视某一商品时；二是顾客细看细摸或对比摸看某一商品时；三是顾客抬头将视线转向茶艺服务人员时；四是顾客驻足仔细观察商品时；五是顾客似在找寻商品时；六是顾客与茶艺服务人员目光相对时。他的经验之谈，是可以借鉴的。

（3）适时招呼

在茶艺服务人员主动接触顾客时，向对方所讲的第一句话就是所谓打招呼。在服务行业里，由茶艺服务人员主动向顾客打招呼，早已成为一种惯例。通常，打招呼被称为"迎客之声"。它与"介绍之声""送客之声"一道，并称为茶艺服务人员在其工作岗位上必须使用、必须重视的"接待三声"。

作为正面接待顾客时开口所说出来的第一句话，"迎客之声"直接影响茶艺服务人员留给顾客的第一印象，并且在双方的交易过程中举足轻重。

要使自己真正讲好"迎客之声"，茶艺服务人员通常需要注意三点。

1）时机适当。只有在应该向顾客打招呼时及时向对方打了招呼，才会使对方听起来既顺耳，又顺心。

2）语言适当。在讲"迎客之声"时，务必注意称呼得体，问候礼貌，用语准确。一定要使之切合当时的语言环境，不仅贴切，而且自然。同时，还须注意不失礼貌。

3）表现适当。服务人员在向顾客主动打招呼时，少不了要以自己的表情、举止与之相配合。在正常情况下向顾客打招呼，最忌讳面无表情、举止失常。正确的做法应当是面带微笑，目视对方，点头欠身。

2. 拿递展示

茶艺服务人员在接待顾客时，往往需要主动或被动地为顾客拿递物品，或为其进行展示操作。在拿递展示的一系列过程之中，茶艺服务人员丝毫不能马虎大意。只有严格地遵守相关的岗位规范，并且认真照章办事，才能够做到尽职尽责。

（1）拿递物品

拿递物品，简称拿递，是指茶艺服务人员应顾客的请求，或者自己主动地将商品以及其他物品从柜台、货架等处拿取出来，递交、摆放在顾客面前，由其自行观看、了解、比较、挑选、鉴别。在日常工作中，拿递是茶艺服务人员重要的基本功之一。

根据岗位规范，茶艺服务人员在拿递物品时有三点注意之处。

1）拿递准确。在拿递商品或其他物品时，茶艺服务人员应预先充分了解自己经营管理的商品和其他物品的主要特点，并善于对顾客进行目测。即要依照自己的经验和对对方的实际观察，准确无误、十拿九稳地将对方需要的东西拿递过去，努力掌握一套"看头拿帽""看体拿衣""看人拿物""一步到位""适得其所"的过硬本领。

2）拿递敏捷。需要为顾客拿递物品时，既不要慢条斯理、过分迟缓、笨手笨脚、大大咧咧、拖泥带水，也不要强给硬塞、胡搅蛮缠、逼迫于人。得体的做法是要反应敏捷、手脚利索、训练有素、一气呵成。若非规定自选，一般不宜由顾客自取。

3）拿递安稳。在拿递物品时，还须对其本身以及顾客的人身安全予以注意。切勿粗枝大叶、重手重脚、乱扔乱放。拿递讲究的是轻取轻放、持握牢靠、摆放到位、绝对安全。该交到顾客手中的物品，必须交到对方手中；该摆放在顾客面前的物品，则一定要摆放在对方的面前。二者不容颠倒。在一般情况下，茶艺服务人员在为顾客拿递物品时，轻易不要让顾客下手帮忙。

（2）展示操作

展示操作指的是茶艺服务人员在接待顾客时，在必要的情况下，将顾客感兴趣的某种商品的性能、特点、全貌，运用适当的方法当面展现出来，或者为对方进行示范，以便对方进一步了解、鉴别、选择商品。展示操作如果适当，可以加大顾客的购买兴趣，促使双方成交。

进行展示操作时，通常要求茶艺服务人员在其技术性、参与性、重点性与真实性四个方面多加努力。

1）技术性。展示操作商品，要求茶艺服务人员具备一定的专业知识。同样一种商品，能否对其进行展示操作，展示操作的技术是否熟练，肯定会有不同的收效。面对顾客时，不愿为其进行展示操作，在展示操作中一问三不知，或者信口雌黄，都是不允许的。因此，茶艺服务人员必须具有丰富的专业知识和过硬的技术手段。不但平时要对有关商品了解得清清楚楚，而且在有必要进行展示操作时还能够懂得根据商品的不同性能、特点采用不同的技巧。

2）参与性。展示操作，旨在使顾客进一步对商品有所了解。因此，在进行具体的展示操作时，绝对不可孤芳自赏，顾影自怜。在可能的情况下，要想方设法使顾客看得见、看得清、看得明明白白，并要尽量一边进行展示操作，一边解答对方所提出的问题。另外，还应当尽可能地争取使顾客参与这一过程，使其变被动为主动。

3）重点性。进行展示操作之时，茶艺服务人员必须主次分明，抓住重点。要根据自己对顾客的了解、对方所提出的疑问，以及展示操作本身所应抓住的主要环节，对于重点之处不厌其烦地反复展示、反复操作，并且辅之以必要的口头说明，以及易为顾客所接受的分解动作、重复动作、缓慢动作。尽量不要在展示操作时主次不分，敷衍了事，将重点、难点、疑点一带而过。

4）真实性。茶艺服务人员面对顾客所进行的展示操作，固然具有一定的表演色彩，但这与虚拟、夸张、注重艺术效果的文艺节目的演出终究有着本质的不同。进行展示操作时，最重要的是要让顾客全面而客观地了解商品，所以必须以务实为本，实事求是，来不得半点夸张、虚伪，更不允许欺骗顾客。在展示操作商品时，对其性能、特点和主要优缺点，都必须对顾客以实相告。不允许对其无中生有，或者随意加以缩小或夸大。即使对其避而不谈或巧加掩饰，也是不允许的。

拿递与展示虽然是顾客接待中两个各自独立的环节，但是在实际的服务过程中，它们却往往如影随形，联系在一起。

3. 介绍推荐

在顾客接待之中，买卖双方能否成交，往往直接取决于茶艺服务人员向顾客所做的有关商品、服务的介绍推荐，是不是能够被顾客所理解和接受。

介绍推荐，在此是指由茶艺服务人员向顾客举荐商品、服务，使对方对其有所熟悉、有所了解。介绍推荐的主要方法，或是主动地介绍商品、服务的有关知识，或因势利导地对顾客所提出的有关商品、服务的问题进行回答。

介绍推荐，即茶艺服务人员在顾客接待之中必讲的"接待三声"中的"介绍之声"，是茶艺服务人员指导消费、促进销售的常规手段之一，茶艺服务人员为此要做好以下三点。

（1）苦练基本功

茶艺服务人员在其工作岗位上要讲好"介绍之声"，就必须对自己经营的商品、负责的服务十分熟悉。只有如此，才能做到介绍在行、有问必答、得心应手。

对于商品销售而言，要做好介绍推荐，就要做到"一懂""四会""八知道"。所谓"一懂"，指要懂得自己所经营的商品。所谓"四会"，指的是对自己所经营的商品要会使用、会调试、会组装、会维修。所谓"八知道"，则是指要知道商品的产地、知道商品的价格、知道商品的质量、知道商品的性能、知道商品的特点、知道商品的用途、知道商品的使用方法、知道商品的保管措施。对于提供服务而言，同样也需要对类似这样的问题掌握得一清二楚。

尤其重要的是，茶艺服务人员在介绍推荐商品、服务时，必须讲究职业道德，务必维护消费者的利益，一切都要实事求是。应当明确的是，在介绍推荐时，不要夸大其词，也不要隐瞒缺点。不要存心张冠李戴，指鹿为马。例如，有意识地将甲地的商品、服务说成是乙地的；将国产或国营的商品、服务说成是进口的或外资的；将杂牌的商品、服务说成是名牌的。不要以次充好，以劣抵优，将积压、滞销或残次的商品硬是说成畅销、紧俏、优质的。

（2）熟悉顾客心理

在对商品、服务进行介绍时，茶艺服务人员一般应当着重做好四件事。即一是要引起顾客的注意，二是要培养对方的兴趣，三是要增强对方的欲望，四是要争取达成交易。要做好这四点，完全有赖于茶艺服务人员对顾客心理状态及其具体变化的了解程度。

应当明确的是，顾客在接触茶艺服务人员时，对于对方对自己的态度以及可信程度，是至为重视的。不同性别、不同年龄、不同职业、不同阅历、不同个性、不同地域、不同民族、不同受教育程度的人的具体表现，往往有所不同。在一般情况下，茶艺服务人员在为顾客进行介绍推荐时，既要注意对顾客进行角色定位，又要争取实现真正的双向沟通。此时，应注意以下三个要点。

1）要与顾客建立和谐的关系。在进行介绍推荐时，首先要争取给顾客以宾至如归之感。此外，还要力争缩短双方之间的距离。做到了这一点，就有助于增强对方对自己的信任。

2）要建立起彼此信赖的关系。介绍推荐之时，应当质朴诚实，老幼无欺，设身处地地多为顾客着想，认认真真地为其出主意、想办法、真帮忙。切记"买卖不成仁义在"。只有对顾客诚实无欺，才能使双方彼此信赖。

3）要使顾客自然而然地决断。介绍推荐商品、服务，一定要抓好时机。该介绍时一定介绍，不该介绍时千万不要介绍。关键是要自己有眼色，能够明白顾客有无兴趣、有无能力。千万不要强拉硬卖，不看对方脸色而一味"自吹自擂"。

（3）掌握科学方法

掌握介绍的科学方法，才能做好介绍推荐工作。要做到这一点，不仅要根据商品、服务的不同特点入手，而且还要尊重顾客的不同兴趣、偏好；不仅要尽可能地全面，而且也要努力抓住重点。除此之外，还可辅以其他手段。例如，一边进行介绍推荐，一边进行展示操作；或者一边进行介绍推荐，一边回答顾客的疑问。具体而言，茶艺服务人员所应掌握的介绍推荐商品、服务方法大致上有以下三种。

1）根据不同商品、服务的特点进行介绍。任何商品、服务均有各自的特点。它们分别表现于成分、性能、造型、花色、样式、质量、价格、连带服务、售后服务等方面。茶艺服务人员在对其进行具体介绍时，可就其最为突出的优点、长处等方面的特点予以有所侧重的介绍。例如，或者介绍其成分、性能，或者介绍其造型、花色、样式，或者介绍其质量，或者介绍其独特风格与历史地位，或者介绍其连带服务、售后服务。

2）根据不同商品、服务的用途进行介绍。顾客无论是购买商品还是购买服务，主要是为了使用和享受。因此，茶艺服务人员在介绍推荐商品、服务时，应着重围绕其用途展开。茶艺服务人员采取的主要方法包括：介绍其多种用途，介绍其特殊用途，介绍其附带用途，介绍其新增用途，介绍其独特用途。

3）对新近上市的商品、服务进行介绍。新上市的商品、服务，往往会面临顾客对其不甚了解或举棋观望的局面。茶艺服务人员在对其积极进行宣传、推荐时，通常应当采取一些独特的方法。一是介绍全新型商品、服务，应着重介绍其优点、性能、用途及保养方法。二是介绍改进型商品、服务，应着重介绍其改进之后的优点。三是介绍引进型商品、服务，对于这类进口、合资、合作的商品、服务，宜在将其与国内商品、服务进行对比的基础上，介绍其独具特色之处。四是介绍未定型商品、服务，宜在说明其尚处于试销的同时，介绍其与定型的同类商品在质量、价格、后续方面的差别，以供顾客自行比较。

4. 成交送别

成交与送别，处于顾客接待的较后环节。成交与送别虽不可混为一谈，但在实际操作中却往往是联系在一起的。对此以下分别加以介绍。

（1）成交

成交主要是指顾客在决定购买商品、服务之后，与茶艺服务人员达成了具体的交易。在顾客接待的整个过程中，它实际上处于顾客将自己的购买决定转变成为现实的购买行动的阶段。在这一阶段，茶艺服务人员的态度、表现如果大失水准，往往会使顾客中途变卦，或是产生遗憾。为此，要求广大茶艺服务人员在这一阶段，必须以规范化的服务，努力满足顾客的一切实际需要。

具体而言，在商品、服务的成交阶段，茶艺服务人员应当在以下六个方面加以注意。

1）协助挑选。在购买商品或服务时，每一位顾客都渴望买到自己称心如意的东西。因此，茶艺服务人员在必要之时，要主动协助对方进行挑选。要百拿不厌，百挑不烦，切勿愚弄对方，信手拈来，随意说好；更不许将残次品选给对方。

2）补充说明。在顾客购买商品、服务的过程中，茶艺服务人员有义务对顾客购买的商品进行必要的、补充性的说明。其主要内容应当包括：使用要诀、使用禁忌、保养方法、维修地点及其某些明显不足等。这些内容如有所遗漏，就是茶艺服务人员工作上的失职。

3）算账准确。算账，大体包括计价、开票、收款、找零，或者刷卡、填写票据等步骤。茶艺服务人员在为顾客算账时，应当既严肃认真，又迅速准确。在计价、开票时，须将应当收取的金额告之顾客，供其核对。收取现金时，须坚持唱收唱付，即顾客付款后，收款者须将顾客交付的金额述说一次；如有零头找付给顾客时，亦应将顾客的应付金额、实付金额及找零金额再说一次，以供顾客确认。

4）仔细包装。有不少商品在销售之时，需由茶艺服务人员代为捆扎包装。这就要求茶艺服务人员做到以下几点：积极主动、快捷妥当、安全牢靠、整齐美观、便于携带、万无一失。具体而言，在捆扎包装商品时，应首先对其进行检查，并且最好当面进行，以防止错包、漏包、掉包，并且让顾客更加放心。在包装过程之中，务必注意小心、谨慎、轻拿轻放，切忌粗手大脚，乱摔乱放。在可能的情况下，茶艺服务人员在包装商品时，还须听取并尽量满足顾客的特殊要求。

5）帮助搬运。有些笨重、体积大的商品，茶艺服务人员在力所能及的前提下，应当代为顾客搬运。通常，可将其以手提、肩扛、车推等方式，送到店门之外。有时，亦可将其送至对方的车辆上，或代为联系运输车辆。看着顾客忙来忙去、无能为力，而自己无动于衷，是绝对不允许的。

6）致以谢忱。顾客购买了商品或服务，是对茶艺服务人员的支持和信任。所以，茶艺服务人员在适当之时，应当在口头上向顾客直接道谢。有时，茶艺服务人员还可对顾客这种明智的选择予以适当的肯定或称道。这样做，绝非是要对顾客吹牛拍马，而是为了对顾客进行精神上的鼓励。

（2）送别

送别，又称送客，是指当顾客离去之际，由茶艺服务人员对其进行道别。在所谓"接待三声"之中，送别被称为"送客之声"。虽然作为茶艺服务人员必须要讲的第三句话，通常处于顾客接待的最后一个环节，但却绝对必不可少。

当顾客离去时，茶艺服务人员向其有礼貌地进行道别，使自己的接待工作善始善终，并且给对方亲切、温馨之感。应当注意的是，送别时在以下三点上切切不可大意。

1）道别必不可缺。不管遇上了什么情况，只要发现有顾客从自己身边离去，茶艺服务人员即应开口向其道别，不准视而不见，尊口难开。

2）道别不分对象。不论服务对象是否进行了消费，茶艺服务人员在其离去时均应向顾客道别。只对已消费者道别，而有意不对未消费者道别，是短视的行为。

3）道别不失真诚。送别顾客时，应当表现得亲切自然，言简意赅，言行一致。不要表现得过度夸张，或是言行相去甚远。

三、茶文化旅游基本知识

我国各民族在漫长的历史发展过程中，在相互融合、交流和借鉴中，既创造了各具特色的民族文化，又共同创造了辉煌灿烂的茶文化。各民族的茶文化不仅是现实生活的反映，而且往往以独特的形式保留了历史文化的精华。各民族茶俗、茶道、茶艺，内容十分丰富、完备，是具有巨大潜力的文化资源。弘扬和发展各民族茶文化，不仅能促进茶业经济的发展，而且对旅游业的开发也具有积极的推动作用。

1. 茶与游

名山、名水、名胜必有名茶。中国的茶园及古茶树大多分布在旅游胜地。如云南国家级自然保护区西双版纳及思茅、大理、楚雄、临沧、保山、丽江等地区都有茶山和古茶林，且大都产名茶。云南 40 多个县市都曾发现野生茶树，勐海县巴达乡还存活一株被称为"茶祖爷"的古茶树。近年又在澜沧县发现过渡型千年古茶树。楚雄紫溪山的一株古茶花树，根围 2.86 m，经专家鉴定，树龄在 650 年以上，花开红、白两色，红色名"紫溪"，白色名"童子面"。这些茶山及古茶树本身就是风景旅游点，早已闻名中外，凡到这些地方旅游的中外游客都欲睹其芳姿。如果再能够充分利用当地的自然环境，结合人文景观，如与茶有关的神话、传说、典故，开展茶乡旅游、太古茶树探寻等旅游活动，并将品茶，领略茶乡民俗风情，深入茶园、茶厂、农家，观看采茶、制茶表演及古茶寻根、祭拜等活动与旅游巧妙结合，借助旅游来宣传、发展少数民族茶文化，会取得更好的社会效益和经济效益。

2. 茶与购

"购"在旅游活动中最具有伸缩性。茶叶是中外旅客特别是海外华侨、港澳台同胞购买及馈赠亲友的重要礼品。少数民族的各类名特茶达几十种，如云南楚雄州获省优以上的地方名特茶就有 20 多种，特别是普洱茶等更是驰名中外。应该充分利用这一优势，引导海内外游客对茶叶产生兴趣和购买欲。买者得佳茗，卖者获丰利，双方都有利。好茶配好具，若购得好茶，再配一套精美的少数民族茶具，更是妙不可言。因此，在引导宾客购茶的同时，制作加工一些精致的茶具一同出售，更能引发游客购茶的兴趣。如彝族民间加工的茶叶罐、茶壶、茶杯、冲茶筒、茶叶盒等，品种齐全，色彩艳丽，式样美观，颇受中外游客欢迎。

3. 茶与娱乐

茶与诗歌、绘画有千丝万缕的联系，而且与戏曲有不解之缘。明清以来，戏曲剧场通常被称为"茶楼"。国外游客及海外侨胞等旅游者，在旅游、探险、探亲访友之余，也会观赏各民族的戏剧、歌舞，消遣饮茶，这种娱乐活动对他们来说比舞厅、歌厅等更具吸引力。因此，在各地的民族村、民俗陈列馆等民俗文化的展示场所，宜建设由解渴功能上升到文化层次的高雅的茶楼，这也是旅游业配套的需要。在产茶地区的风景旅游点，尤宜提倡建设各种各样的茶室，如茅屋茶室、垛木房茶屋等，典雅素朴，别具风韵，正所谓"浓妆淡抹总相宜"。在茶室还可开展各类高雅的文化旅游活动，如茶文化竞赛、民族歌舞表演、赋诗作画、品茶评茶、茶道表演等。

4. 茶与饮食

旅游者在旅游活动中，经常处于精神兴奋紧张、情绪不稳定、身体"上火"等应激状态，因此旅游者在旅途中除了要保持轻松愉快，注意情绪、睡眠外，还要注意饮食调养，摄入足够的水分，保持体液平衡。若在用餐前后配以适当的淡茶水，则可以起到很好的调节作用。茶有"解酒食、油腻、烧炙之毒，利大小便，多饮消脂"之功，茶中含有丰富的维生素和矿物质，能增强旅游者的身体健康，还将有助于净化社会风气。

此外，为使茶更适合于旅游业，根据少数民族独特的茶俗，可以开发各种方便、高效、多风味、多功能的茶中新品种，如各种速溶茶，罐装、瓶装茶水，奶茶，果汁茶等；发展和开创药用茶及特色茶，如凉茶、午时茶、健胃茶、保健茶及彝族的腌茶等。

5. 茶文化专项旅游

茶在旅游活动中的表现是多方面的，是多民族性的，而少数民族又是传统茶文化的保存和传播者，如果将少数民族茶文化融合到旅游过程中，以茶为主线索，结合民族民俗等活动，开展有特色的少数民族茶文化专项旅游，是非常有意义且具有很大的吸引力。下面我们以滇西旅游景点为例，针对日本、韩国、澳大利亚等国家和东南亚、中国港澳台地区游客拟一条集文化性、趣味性、游览观光及学术考察为一体，以少数民族茶文化为主题的专项旅游线路：游客从昆明出发，先到楚雄、大理，然后至丽江、临沧、怒江、保山、德宏等地，沿途可先后品尝到彝族的腌茶、盐巴茶，烤茶，苗族的虫茶，白族的"三道茶"，纳西族的"龙虎斗"茶，傈僳族的红糖油茶、油盐茶，傣族的糯米香茶、竹筒茶，佤族的煨茶、苦茶，布朗族的青竹茶等，还可沿途游览名山河湖，参观考察茶山、茶厂，了解各种茶叶的制作工序，购买各地少数民族的名优茶叶产品，观赏各少数民族的茶技、茶道表演；还可深入各少数民族村寨、家庭，考察、体验少数民族风情民俗，身临其境，亲自动手烤茶、煮茶，品尝自己的茶技。这将是一件很有意义、很有趣的旅游活动。

第 2 节　销售

一、茶艺馆消费品调配原则

1. 季节变化与茶艺馆消费品调配原则

人吃单一食物是不能维持身体健康的，因为有些必需的营养素，如一些必需的脂肪酸、氨基酸和维生素等，不能由其他物质在体内合成，只能直接从食物中取得。而自然界中，没有任何一种食物含有人体所需的各种营养素。因此，为了维持人体的健康，就必须把不同的食物搭配起来食用。

我国人民早就认识到了这一点。如《黄帝内经》中说："五谷为养，五果为助，五畜为益，五菜为充，气味合而服之，以补精益气。""谷肉果菜，食养尽之。"这就全面概述了粮谷、肉类、蔬菜、果品等几个方面是饮食的主要内容，并且指出了它们在体内起补益精气的主要作用，人们应根据需要兼而取之。

根据中药学的理论，还应注意食物的配伍问题。食物的配伍分协同与颉颃两个方面。在协同方面又分为相须、相使，在颉颃方面分为相反、相杀、相畏和相恶。这些知识对于调配饮食也是很重要的。

所谓相须，是指同类食物相互配伍使用，可起到相互加强的功效，如百合炖秋梨，共奏清肺热、养肺阴之功效。所谓相使，是指以一类食物为主，另一类食物为辅，使主要食物功效得以加强，如姜糖饮，温中和胃的红糖，增强了温中散寒生姜的功效。所谓相反，是指两种食物合用，可能产生不良作用，如柿子忌甘薯和酒，白薯忌鸡蛋。所谓相杀，是说一种食物能减轻另一种食物的不良作用。所谓相畏，是指一种食物的不良作用能被另一种食物减轻，如扁豆的不良作用（可引起腹泻、皮疹等）能被生姜减轻。所谓相恶，是指一种食物能减弱另一种食物的功效。

食物配伍又与季节相联系，对茶艺馆消费品进行季节性调配时要注意以下原则。

（1）四季茶类分明

例如，春、夏饮绿茶，秋饮花茶，冬饮乌龙。当然，在这个大的原则基础上又可以因人而异。

（2）四季茶点分明

茶艺馆所提供的茶点也要适时地有所改变，必须根据各个季节的特点结合茶艺馆自身的特色而各有不同。

（3）四季茶艺服务不同

有人说春天好比是一个欢快跳跃的女孩，漂亮、妩媚而充满朝气，夏天如同一个健壮有力的青年，秋天则是一个沉思的哲人，冬天恰如一个铁面无私的判官。如何根据这四个季节拟人化的特点选择符合季节心情的茶艺服务，也是茶艺服务人员必须考虑的问题。

2. 节假日与茶艺馆消费品调配原则

（1）消费品调配要符合各个节假日的民俗心理要求。

（2）符合各个节假日的消费群特点。

二、茶事展销活动的基本要求

展览会是一种通过实物、文字、图表来展览成果、风貌、特征的宣传形式。举办展览会是公共关系专题活动中经常采用的方式，它对宣传和树立产品及组织形象起着重要的作用。茶事展销活动通常以展览会为载体举办，为了能成功地办好茶事展销活动，茶艺服务人员必须对展览会的类型、作用、具体组织及效果检测等有充分的了解。

1. 展览会的分类

（1）按展览会规模分类

1）大型展览会。大型展览会的规模可大至世界性的博览会，如在上海举办的"2010年上海世界博览会"。大型展览会由专门单位举办，参展组织报名参加。这类展览会是综合性的，展览项目多，涉及面也广，需要有较高的技术水准才能办好。

2）小型展览会。小型展览会的规模较小，如产品陈列会、样品展览会等。这种展览会常常由一个组织自己举办，展出组织的有关情况。

3）微型展览。微型展览是指商店的橱窗展览、宣传廊展出、动力展览车等。

（2）按展览会内容分类

1）综合性展览会。综合性展览会介绍一个国家、一个地区或一个单位的全面情况，既要有一定的整体性、概括性，又要有具体性、形象性，使观众参观后能获得完整的印象，如"某市40年回顾展""世界博览会中国馆"等。

2）专题性展览会。专题性展览会介绍某一专题或专项的情况，虽不要求全面系统，但内容集中、主题鲜明、有深度，如"上海市仪器工业展销会""计划生育用品展销会"等。

（3）按展览会性质分类

1）贸易性展览会。贸易性展览会的目的是促进商品交易。这种展览会常展出实物产品和新技术，做实物广告，还当场出售商品或转让技术。

2）宣传性展览会。宣传性展览会通过展品向观众宣传某一观点、思想、信仰，宣扬新成就，或让观众了解某一史实，不带商业性。展品通常是照片、资料、图表及实物，如"消防展览会""中国革命史展览会"等。

（4）按展览会时间分类

1）长期展览会。长期展览会的展览形式是长期固定的，如北京故宫博物院、上海自然博物馆等的展览。

2）定期更换内容的展览会。这种展览会的展出内容定期进行部分更换，如北京和上海的工业展览会。

3）一次性展览会。一次性展览会的特点是在一定时间内举行，展览结束后即行拆除，如"广州出口商品交易会""吃、穿、用商品展销会"等。

（5）按展览会展出地点分类

1）室内展览会。室内展览会在室内举行，不受天气影响，不受时间限制，可展出较为精致、价值高的展品，但花费较大，布置也较为复杂。

2）室外展览会。室外展览会的场地在室外，花费较少，布置也较简单，但受天气影响。在露天举办的展销会有农业机械展销会和花展等。

3）巡回展览会。巡回展览会的展览是流动性的，利用拖车、火车、特种车辆等进行展览活动。

2. 展览会的特点

（1）直观、形象、生动，能产生强烈的传播效果

展览会可运用声音，如讲解、交谈、广播；文字，如说明词、介绍材料；图像，如照片、幻灯、录像、电影；实物，如模型、产品；人物，如模特等多种传播媒介和工具，利用各种媒介的优点加强传播效果。

一般展览会的展品以实物为主，辅以现场宣扬讲解和示范表演。精致的实物、形象的画面、动人的解说、优美的音乐和生动的造型艺术的有机结合，能产生一种引人入胜的感染力。如深受欢迎的时装展销会，不仅陈列有各种款式新颖、色彩鲜艳、风格各异的时装，还有文字、图表介绍服装的性能特点，不仅有服装设计师和缝制师的当场介绍、示范，还有时装模特的精彩表演，会场的情绪往往十分热烈，产生的传播效果极其强烈。

（2）能有效地引起社会公众及新闻媒介的注意

展览会本身及其展出的内容都具有一定的新闻价值，会吸引新闻界追踪采访。许多组织经常采用各种形式的展览会、展销会大造新闻，提高组织的知名度和美誉度，同时利用此机会与新闻界广泛接触，增进关系。

（3）能给组织提供与公众直接双向沟通的机会

展览会的工作人员可直接与观众就双方感兴趣的问题进行交谈、讨论和解答，既让公众了解自己，也对公众有所了解；及时收集反馈信息，根据公众意见和需求改进组织的工作。这种双向沟通针对性强、收效大，而且感情强烈，增强了组织的"人情味"。

（4）是一种高效率的沟通方式

展览会可吸引社会各界公众，给参展组织创造了一个集中的沟通机会，使各组织和各界公众在短时间内广泛接触，沟通效率大大提高。我国一年两次在广州举办的中国进出口商品交易会，即"广交会"，规模宏大，国内外各界客商云集，沟通效率高，成交额在我国进出口额中占相当大的比重，也是我国与其他国家人民相互了解的重要方式。

（5）在一定程度上起到了"二传手"的作用

展览会的传播范围虽然有一定的局限性，受其直接影响的只是到场的观众，但展览会的盛况往往是观众们津津乐道的话题，通过他们的间接传播，可扩大展览会在社会上的影响。

3. 展览会的组织方法

（1）必要性和可行性分析

展览会在举办前，首先要分析其必要性和可行性。展销会是大型综合性公共关系活动，需投入较多的人力、物力、财力，如不对其必要性和可行性进行科学论证，可能造成费用开支过大，得不偿失，或盲目上马起不到应有的作用。所以应对展览会的投入、产出（物质的、精神的）算一笔细账，只有既是必要的也是可行的才可能是成功的。

举办展览会，经费的预算不可忽视，展览的经费开支主要有以下几项。

1）场地使用费，包括各种设备使用、能源等费用。

2）设计建造费，包括材料费。

3）工作人员酬金，主要是工资、津贴、差旅费等。

4）传播媒介租用费，包括电视、视频、幻灯片、新闻广告费用等。

5）纪念品、宣传品制作费。

6）联络与交际费，包括举行招待会、购买茶点、接待宾客及交际应酬的各种费用。

7）运输费，即展品运送的费用。

8）保险费，贵重物品在展览期间投保所花的费用。

除以上费用外，还应有一定的预备金，以备调剂补充之用。预备金一般占总费用的 5% ~ 10% 为宜。

（2）会务工作

在确定举办展览会之后，应认真做好各项会务工作。

1）明确展览会的主题和目的。主题明确，才能提纲挈领，确定展览会的传播方式、沟通方式和接待形式，有针对性地搜集各种参展资料，把所有产品做有机的排列、组合，否则会使展览会办得杂乱无章。

2）确定参展单位和参展项目。根据主题和目的组织参展单位和参展项目，可采用广告和发邀请函的形式体现展览会的宗旨、项目类型、要求及费用预算等。还应估计参观者的类型和人数，以便给潜在的参展单位提供决策所需的各种资料。

3）指定展览主编，构思整个展览结构。主编要负责设计并确定会标，撰写前言及结束语，并为各部分的编辑交代总体布局及各部分之间的衔接要求。

4）选择展览场地。首先要考虑方便参观者，如交通便利、容易寻找等；其次要考虑场地的大小、质量、设备等；再次要考虑场地周围环境是否与展销会主题相协调；最后要考虑辅助设施是否容易配备和安置，如停车场地等。江苏某地举办展销会，开幕式那天，不少来宾乘着大小车辆而来，因展览场所地处繁华地段，交通相当拥挤，又无停车场所，结果交通堵塞。许多新闻记者目睹此景，电视台记者还录了像，在晚间新闻节目中播出，造成极坏的影响。

5）明确参观者的类型和人数。这些信息能使展览会的策划者针对观众特点进行设计、制作版面，确定传播手段和沟通方式，以保证展览效果。

6）搜集展品，完成设计制作。展览会各部分负责人根据展览大纲到单位搜集实物和有关资料，撰写展览脚本并提交设计室，由设计师、摄影师、美术师完成设计、排版、绘制、放样，再由制作组负责版面上的文字图表制作和版面加工、美化。

7）培训工作人员。展览会工作人员的素质和技术对整个展览效果影响很大。理想的工作人员应具备三个条件：一要懂得展览项目的专业知识，能向观众提供专业咨询服务；二要善于交际，讲文明、懂礼貌，能得体地与各类观众交流；三要仪表端庄、大方。应对工作人员进行必要的专业知识训练和公共关系训练，才能保证质量和满足参观者的要求。

8）搞好宣传报道。成立专门的新闻发布机构，负责与新闻界进行联系，制订新闻发布计划，邀请新闻界采访、报道，撰写新闻稿。通过向社会发布有关展览会的新闻消息，扩大参展单位及整个展览会的影响。

9）准备辅助设备和相关的服务项目。落实观众休息室、接待室、停车场地，开设服务部、小卖部，代办交通食宿，在出入口设置服务台、咨询部和签到处，绘制展览会平面图等。

10）准备辅助宣传资料。设计展览会会徽、会标及纪念品，制作介绍参展单位和参展项目的幻灯片，视频、音频文件，印刷说明书、目录表、宣传册和传单，供展出时分发。

（3）展览效果的评估

展览会结束后应做好评估，以总结经验、吸取教训，指导今后的工作。评估应在展览期间就开始，如在出口处设置观众留言簿；召开观众座谈会，听取意见、建议；留心新闻媒体对展销会的报道和评价。会后可通过上门访问、发调查问卷等做民意测验，了解实际效果。无论是批评还是赞扬，都对主办单位改进今后工作具有重要价值。

参 考 文 献

[1] 余悦. 中国茶韵 [M]. 北京：中央民族大学出版社，2002.

[2] 梁子. 中国唐宋茶道 [M]. 修订版. 西安：陕西人民出版社，1997.

[3] 柏凡. 中国茶饮 [M]. 北京：中央民族大学出版社，2002.

[4] 龚建华. 中国茶典 [M]. 北京：中央民族大学出版社，2002.

[5] 连振娟. 中国茶馆 [M]. 北京：中央民族大学出版社，2002.

[6] 王冰泉，余悦主编. 茶文化论 [M]. 北京：文化艺术出版社，1991.

[7] Jane Pettigrew编著. 茶鉴赏手册 [M]. 上海：上海科学技术出版社，香港万里机构，2001.

[8] 陈椽. 茶业经营管理学 [M]. 合肥：中国科学技术大学出版社，1992.

[9] 张堂恒，刘祖生，刘岳耘. 茶·茶科学·茶文化 [M]. 沈阳：辽宁人民出版社，1994.

[10] 郭孟良，苏全有. 茶的祖国：中国茶叶史话 [M]. 哈尔滨：黑龙江科学技术出版社，1991.

[11] 潘兆鸿. 陶瓷300问 [M]. 南昌：江西科学技术出版社，1988.

[12] 陈文华. 中国茶文化学 [M]. 北京：中国农业出版社，2006.